情緒管理×表達訓練×人格塑造×遊戲學習……
告別焦慮競爭，掌握最尊重孩子天性的適性教育！

張新春 著

樂律

育兒「慢養」法則
自在的成長節奏

跳脫競爭式成長，不急於求成的「慢養教育」
深度解析成長中的困惑，
全面提升孩子的自信心、專注力、記憶力、學習力！

目錄

前言

第一章　尊重成長節奏：讓孩子自然長大
　　為什麼你的孩子不快樂了？　　　　　　　　　　012
　　發育年齡：孩子每個階段的成長關鍵　　　　　　018
　　人格塑造：榮格九型人格與孩子的個性成長　　　028
　　面對成長低谷：陪伴比管束更重要　　　　　　　036
　　和孩子做朋友：讓愛無壓力地流動　　　　　　　040

第二章　教育的黃金法則：避免拔苗助長
　　主體原則：教育不是為了滿足家長的虛榮　　　　048
　　啟發原則：尊重孩子的成長步調　　　　　　　　054
　　感官原則：性格的創傷往往源自父母　　　　　　060
　　科學原則：打罵教育的隱性傷害　　　　　　　　065
　　教育超前的危機信號：從行為中察覺問題　　　　071

第三章　破解成長密碼：正視孩子的行為問題
　　愛哭的孩子：理解哭背後的訴求　　　　　　　　078
　　專橫與暴力：如何引導孩子的力量感　　　　　　084

目錄

情緒失控：面對尖叫和吵鬧的對應技巧　089

害羞與社交：助孩子克服自卑，勇敢表達　093

怯懦的內心：正確對待孩子的內疚與膽怯　099

面對說謊：從想像與現實中找到平衡　106

欲望管理：如何引導愛說「我要」的孩子　112

面對悲傷：與孩子一起解開情緒的結　117

讓孩子接受未出生的手足　122

第四章　寓教於樂：遊戲讓成長更輕鬆

遊戲的重要性：孩子需要玩樂像需要空氣　128

聯想遊戲：開啟無限創意的世界　132

專注力提升：找碴遊戲的神奇魔力　137

手工遊戲：指尖上的智慧與親子聯結　143

性別遊戲：探索平等與差異的微妙平衡　148

時間管理：從遊戲中學會規劃的技巧　155

群力遊戲：找到自己的團隊角色　160

第五章　能力養成：從玩樂到實力的蛻變

閱讀能力：培養孩子的書香情結　168

表達能力：清晰說明比話多更重要　173

	感知能力：善於觀察、準確判斷的基礎	179
	專注能力：過動與專注並非對立	185
	記憶能力：理解大腦運作，優化記憶力	192
	控制能力：控制能力：如何教會孩子處理問題與情緒	201
	社交能力：情商教育的啟蒙階段	207

第六章　好習慣的魔力：慢養出幸福的孩子

正確的讚美方式：孩子需要的是什麼肯定？	216
從好奇到學習：引燃孩子的探索熱情	220
從堅強到自立：幫助孩子走向獨立人格	226
從嘗試到自信：讓孩子勇於面對挑戰	231
從好勝到堅韌：教孩子迎接成功與失敗	235
從分享到合作：人際交往的基礎習慣	238

第七章　家庭是根：打造孩子的安全感與歸屬感

原生家庭的投射：孩子關係模式的根源	244
面對叛逆：引導勝於指責	250
以身作則：讓孩子感受到愛與價值	254
修復家庭關係：和諧是最好的養分	259

目錄

遠離暴力：言語與冷暴力的隱形危害　　264

父母的定位：避免角色錯位的教育陷阱　　271

後記

前言

你是否有過那樣的經驗，當你輕輕握著孩子柔軟的小手，心中總會有一陣酸酸軟軟的甚至怯怯的感覺，他們的臉龐還那麼稚嫩，孩子還那麼弱小，我該怎麼做才能更好地陪他長大呢？這種想法是從內心流淌出來的、對於生命的呵護和敬畏，是一種因為太過珍視而不由自主產生的小心謹慎。

孩子是上天送給我們的禮物，陪伴孩子成長的過程也是我們的心智逐漸成熟的過程，這個過程中會充滿喜、怒、哀、樂，也正是因為這些才會使得這個過程顯得珍貴和有趣。家長們或許在初期會手足無措，找不到教育的方向，甚至不經意間成為自己小時候最討厭的那種父母。

為了避免這種情況的發生，也為了為家長們在教育孩子上提供一個方向，本書希望能夠幫助家長們更好地陪伴孩子成長，享受孩子成長帶來的樂趣，也讓孩子快樂健康地長大，體會到家長的真心呵護。

受到現實社會中巨大的競爭壓力影響，在孩子的成長過程中，家長們總是迫不及待地希望孩子更好一點、更聰明一點，這樣才能在未來的競爭中脫穎而出，過更好的生活。也正是因為這樣的迫切心願，使得很多家長忘記了孩子也有自己的成長規律，過於著急地揠苗助長，可能做出了很多他們自己沒有意

前言

識到的錯誤行為，不經意間對孩子造成了巨大的傷害。其實慢慢來，和孩子像朋友一樣相處，陪伴他們成長也不失為一個好的教育方法。

孩子的教育要遵循養育的原則，有時候「搶快」的孩子更容易摔倒，家長不顧孩子的意願，不願傾聽孩子的心聲，對孩子實行打罵教育等行為都有可能導致孩子在成長的過程中出現性格和心理上的問題。家長眼中「好」的超前教育很有可能抑制了孩子未來發展的可能性。釋放和尊重孩子的天性，著重培養孩子感興趣的方面，或許會有意外的收穫。

孩子的性格有的是天生的，有的是後天養成的，因此家長們可以不必太過擔憂。對於孩子頻繁出現的情緒問題，比如愛哭、暴力、害羞、怯懦、說謊等，書中都詳細分析了會出現這些問題的原因，並為家長們提供了有效的解決方法。相信學會這些，家長們一定可以不慌不忙地幫助孩子解決成長中遇到的各種困擾。

在現代教育中，教育學家們早就發現枯燥乏味的填鴨式教學已經不能滿足孩子愛玩愛鬧的天性了。太早用規矩束縛孩子並非一件好事，很多知識和能力在遊戲中就能獲取。本書介紹了六種類型的遊戲，讓孩子在遊戲的過程中獲得知識和能力，更容易接受，也更容易理解，玩著玩著就把知識收入了囊中，既輕鬆又有趣。家長們跟著孩子一起，還能增進親子關係，讓家長和孩子的連結更加緊密。

成績和能力哪個更重要？這是很多家長都頭痛的問題，但從長遠來看，顯然是後者在未來的社會生活中更重要一些。「慢養」孩子並不等於放養孩子，只是需要家長將注意力更多地放在對孩子能力的培養上，閱讀能力、表達能力、思考能力、感知能力、記憶能力等都是學校的老師無法直接教給孩子的東西，值得家長注意。

　　家長是孩子的第一任老師，家長的行為習慣會影響孩子的行為習慣。良好的習慣可以伴隨孩子一生，對未來的發展有很大的幫助，而壞的習慣則會成為孩子前進道路上的阻礙，家長們需要從小培養孩子養成良好的習慣。書中詳細介紹了七個方面，幫助家長引導孩子一步一步變得更好。

　　原生家庭是孩子成長的搖籃，對孩子未來的發展有很大的影響，原生家庭關係的好壞直接決定著孩子未來對自己身邊各種關係的處理方式。家長好的行為、充滿愛的理解和包容會治癒孩子的內心，讓孩子成長為一個溫暖、有力量的人；而家長不好的行為則會讓孩子留下一生難以去除的傷疤。家長們要盡量給予孩子一個好的成長環境，消除家庭中存在的不良因素，讓孩子可以健康快樂地成長！

　　本書從七個方面詳細為家長們剖析了孩子成長中可能出現的問題，並提供了詳細有效的解決方法，為家長教育孩子提供了一個大方向，盡快地了解孩子的訴求，引導孩子健康發展，減少走入教育失誤的可能，讓家長和孩子的關係更加緊密。

前言

　　家長和孩子的相遇是一種緣分，陪伴孩子成長的過程也是家長人生的沉澱，所以慢慢來，走得慢一點，走得穩一點。只要最後孩子能夠成為自己期望中的樣子，慢一點也無妨。

第一章
尊重成長節奏：
讓孩子自然長大

你真的了解教育孩子嗎？成長應該是一項動態的過程，隨著年齡的增長，孩子的身體系統會慢慢發育，智力和心理也會慢慢發育，這個過程中，教育和孩子的成長應該是相互匹配的，體育鍛鍊不能先於身體發育，同樣的，智力和心理的鍛鍊也不應該提前於孩子的成長節奏。

◆ 第一章　尊重成長節奏：讓孩子自然長大

為什麼你的孩子不快樂了？

「我家女兒最近總是悶悶不樂的，我問她怎麼了，她也說不出個所以然來。每天都只是一個人在家裡練琴、看電視、玩遊戲，有朋友叫她出去玩也不想去，我打算帶她出去旅遊她也不想去，和她說話，她也不好好回應，做什麼事情都無精打采的。這是怎麼一回事？」

在現在這個競爭壓力非常大的社會裡，家長們都望子成龍、望女成鳳，卻忽略了孩子自身的真正需求。為了讓孩子贏在起跑點上，家長們常常從小就開始加強了對孩子的教育，這就導致很多孩子開始變得不快樂。

引起孩子不快樂的原因有很多：

◎孩子受到的挫折體驗比較多，做事情總是失敗

孩子經常受到打擊，比如成績不夠好，經常被父母比較不如別人，孩子很少或者根本沒有體驗到成功的快樂的話，的確很難快樂起來。

◎父母對孩子嚴格要求，孩子課業壓力大，達不到父母的期望

孩子沒有達到父母心中的期望，使得孩子對自身產生了懷疑，尤其在父母並不接納孩子的現狀，只是一味地責罵孩子沒有努力的時候，孩子感覺到很難讓父母滿意的時候，孩子就會不快樂。

◎家庭關係比較緊張，引發孩子擔憂

當家庭關係緊張，父母感情出現危機，又或者是父母經常爭吵，都會使孩子沒有安全感，經常擔心自己的家庭會不會突然間就分裂了，這種情緒會困擾他們，讓他們難以快樂。

◎家庭遭遇重大變故

家庭遭遇重大變故，生活突然發生改變，孩子有可能長期不能從悲傷痛苦中走出來，於是不快樂。

孩子長期處於不開心狀態的六種典型表現	拒絕合作，拒絕互動
	暴躁、易怒
	在家與在學校表現不一
	表現變差，尤其是成績變差
	毫無緣由地沉默，不愛說話
	頻繁地身體負面反應，不適，喜歡哭泣

如果孩子只是一小段時間不快樂，這是很正常的情況，家長不用太過擔心。

生活中會有各種喜怒哀樂，家長要允許孩子出現不快樂的情緒，這也是孩子人生體驗中很重要的一環。家長們需要重視的是孩子不快樂的時間，當孩子長期處於不快樂的情緒中，生活和學業成績都不再有意義，就很容易出現憂鬱，需要家長的高度重視。

第一章　尊重成長節奏：讓孩子自然長大

「我的兒子小澤今年5歲了，我替他報了美術班和心算班，他雖然有時候不太愛去，但是學得很好，幼兒園裡的老師都誇他聰明。但是馬上就要上小學了，我看鄰居家的城城報了書法班，字寫得好也滿重要的，書法還是從小練比較好，我也想替小澤報名，但是又擔心孩子忙不過來。」

現在整個社會充滿了焦慮，在這種情況下，缺乏安全感的家長就會把自己感受到的焦慮和壓力轉嫁到孩子身上，透過不斷和周圍的孩子進行比較，來暫時緩解焦慮。但是過分的比較會使家長變得片面和短視，很難看到孩子的長處和興趣所在，只一味地強調成績，不知不覺間就親手毀掉了孩子的童年。

其實孩子的心靈從幼年時期開始就是一張白紙，每個孩子都有自己的心理訴求，不外乎就是想得到關愛、獲得認同、得到讚賞、享有地位這幾種。那麼身為家長怎麼樣才能引導孩子變得快樂一些呢？

以身作則，教會孩子熱愛生活

很多情況下，孩子對待生活的態度就是父母對待生活的態度的反映，學會熱愛生活比一味地灌輸給孩子知識和技能要重要得多。因此父母應當盡量將熱愛生活、快樂生活的生活態度教給孩子，讓孩子也感受到生活中的樂趣。比如當看到路邊的美景時，學會停下來欣賞，並且由衷地讚美；經常懷著喜悅的心情為周圍美麗的事物拍下照片，並將它們分享給身邊的人；

吃飯時誇讚服務生的服務和飯菜的美味，而不是去刁難服務人員；經常說一些好的事情，常去誇讚身邊人的好，而不是去抱怨學校老師、同事上司，等等。父母如果能經常用這樣一種寬容大度、積極樂觀的心態對待身邊的人和物，自然會感染孩子，使其也變得快樂起來。

我和老公帶著女兒妮妮去山西平遙古城玩，晚上到風景區裡的飯店的時候天已經黑了，三個人就在飯店的一樓吃飯。我們選了一個靠窗的座位，但是前面客人剛走，桌子上都是剩菜和用過的碗筷。飯店裡一位服務生大姐看見了我們，趕緊過來幫我們收拾桌子上面的殘食。

我們邊看外面的夜景，邊問大姐這裡的情況，因為我們三個人都是第一次來，所以對這裡的事物都很好奇，問了很多問題。突然大姐一不小心把收好的餐具全部掉在地上了，在一片稀里嘩啦的瓷器破碎聲中，喧鬧的大廳裡所有的聲音都戛然而止。服務生大姐不知所措，急忙蹲在地上撿碗盤的碎片，邊撿邊埋怨自己不小心。

我和老公對望了一下，老公說都是妳問題那麼多，讓大姐分心了。我說是的，是我話太多了。大姐說：不怪妳不怪妳，是我想快點收拾好，讓你們早點吃飯。

接著又慌忙站起來用抹布擦桌子，沒想到一塊食物殘渣又被她擦得掉到妮妮衣服上了，染了一大塊油。大姐又一直道歉，又想替孩子擦衣服。結果越擦油抹得越多。我說大姐沒

第一章 尊重成長節奏：讓孩子自然長大

事，別擦了，孩子衣服本來就該洗了，不用管了。

服務生大姐擦完桌子把碗盤碎片端走了，我們跟著她的身影看過去，一個主管模樣的人果然開始低聲訓斥她。老公說大姐肯定得賠錢了，這麼多盤子、碗、碟子的。我也很難過，覺得大姐很可憐，說我去找那個主管說是因為我，我來賠錢吧。老公說他去說。我和妮妮看著老公走過去和那位主管說話，我倆都在說希望這位服務生大姐不會被罰款。過一會兒老公回來了，說搞定了，我們三個人都很開心。

服務生大姐忙完過來向我們道謝，說我們好人有好報的時候，我知道，我們兩個人替妮妮上了一堂生動的社會課。

減少對孩子的不恰當的評價

從來到這個世界上的第一天起，孩子就對周圍的一切充滿了好奇和探索的欲望，一切的活動都想去嘗試一下。但是因為孩子的能力不足，或者別的原因，不管是父母、同學還是老師都會對他有一些負面的評價，有時候經常能聽到這樣的話，如「你怎麼這麼笨啊」、「我都說了幾遍了，你怎麼就是不記得呢」、「你這麼懶，誰會選你當組長啊，連自己都管不住」，等等。這些負面的、帶著批判性的評價都會成為孩子探索新事物路上的絆腳石，使孩子形成畏懼心理，在學業和生活中感受不到快樂。

因此，身為孩子最親近的人，父母要努力消除自己對孩子的

負面評價，改用正面的話語來評價、鼓勵孩子，比如多對孩子說「我覺得你越來越聰明了」、「寶貝，你怎麼這麼懂事，爸爸媽媽好欣慰啊」等，孩子得到充分的肯定和讚美，內心洋溢著快樂和喜悅，會更加積極地向著好的方向去努力。

不要把「別人家的孩子」掛在嘴邊

由於現代社會巨大的競爭壓力，很多家長養成了愛比較的壞習慣。無論是孩子的衣食住行、學校，還是課外的補習班、才藝班，父母都以一種不甘落後的心態，拚命將自己的孩子與別人的孩子進行比較，如果孩子達不到父母的心理預期，或者比不過別人家的孩子，那麼父母就會對孩子進行批判，如「你看看別人，你怎麼就是學不會呢」、「我怎麼生出你這麼笨的孩子」等刺耳的話語充斥在孩子的周圍。長此以往，每當父母提起「別人家的孩子」，孩子就會產生很強烈的挫敗感，甚至會主動遠離父母。對於生活和學業，孩子大多採取一種逃避的心態，這對孩子未來的發展和心靈的成長都是很嚴重的負面影響。

對於這種情況，父母要多了解孩子的心理需求，加以培育和疏導，要看到自己孩子的亮點，不要用孩子的短處去和別人家孩子的長處相比，讓孩子沒有負擔和壓力，快樂成長，畢竟健康快樂才是人最寶貴的財富。

◆ 第一章　尊重成長節奏：讓孩子自然長大

做一個好玩的父母

　　很多孩子不喜歡學習，不喜歡身邊的事物，甚至體驗不到成長的快樂，出現這種情況的原因可能是父母的思維太過死板、固化，和孩子的溝通僅僅局限於課業和生活，經常對孩子說「你就知道玩」、「作業做完了嗎，一直在玩」之類的話語，這讓孩子覺得父母很是無趣、乏味、壓抑，所以久而久之孩子也就容易不快樂。建議父母努力和孩子一起玩耍，參與他們喜歡的遊戲活動，這樣當孩子想要交流的時候，父母就能夠和孩子在同一個頻道上，能和孩子聊他們喜歡的話題。當父母和孩子交流的話題多了，孩子就很容易在各種事情上尋找到自己熱愛的點了。

　　家長讓孩子多一點自由選擇的權利，減輕一點負擔和壓力，因材施教，把屬於孩子的快樂還給孩子，這樣成長的孩子才是最健康、活潑、聰明的孩子，相信他們在未來一定能走出屬於自己的一片天。

發育年齡：孩子每個階段的成長關鍵

　　「我家的寶寶三個月大，好喜歡我，每次一看到我，他就非常高興。我一叫他，他就會『啊啊』地回應我，有時候逗他玩，他甚至會笑出聲。熟悉的人抱他的時候，他一點也不怕，還非常好奇地盯著別的東西看，但是面對陌生人還是很害怕的。每次看著他對我笑，我的心都要融化了。」

發育年齡：孩子每個階段的成長關鍵

生長發育是健康的重要指標，孩子在不同年齡的發育有一定的規律，既是連續的，又是階段性的，並且在不同的年齡階段其發育的指標不同。那麼不同年齡階段孩子的發育指標有哪些？發育異常又有哪些表現呢？下面為大家一一介紹：

出生到 1 個月，孩子這樣發育成長

1. 孩子的頭開始可以從一邊轉向另一邊；
2. 醒著的時候，孩子的目光能夠追隨距離眼睛 20 公分左右的物體移動；
3. 比起陌生人的聲音，孩子更喜歡聽媽媽的聲音；
4. 孩子能夠分辨空氣中的氣味，在眾多氣味中，孩子更喜歡甜味。當聞到難聞的氣味的時候，孩子會嫌棄地轉過頭去。

當孩子出現下面的狀況，家長要注意，趕快帶孩子去看醫生。

1. 對大的聲音沒有任何反應；
2. 對強烈的光線沒有任何反應；
3. 不能輕鬆地完成吸吮或者吞嚥等動作；
4. 身高和體重沒有增加。

1 到 6 個月，孩子這樣發育成長

1. 俯臥的時候能夠抬頭，抱坐的時候，頭穩定；
2. 孩子喜歡把小手放進嘴裡，能手握著手；

3. 孩子喜歡看著媽媽的臉，看到媽媽就非常高興；

4. 孩子開始用不同的哭聲來向家人表達自己不同的需求；

5. 孩子開始試著自己翻身，靠著東西能夠自己坐著，甚至可以自己獨坐；

6. 對顏色鮮豔的物體非常喜歡，並且會盯著移動的物體；

7. 孩子會大聲笑，會自己開始嘗試發出「o」、「a」等聲音，喜歡別人和他進行對話；

8. 孩子開始認生，能夠認出親近的人，見到陌生人比較容易哭。

當孩子出現下面的狀況，家長要注意，趕快帶孩子去看醫生。

1. 孩子的身高、體重和頭圍沒有逐漸增加；

2. 孩子從不對別人微笑，並且不會翻身、用手抓東西；

3. 孩子的兩隻眼睛不能同時跟隨物體移動；

4. 孩子不能轉頭準確找到聲音的來源。

7 到 12 個月，孩子這樣發育成長

1. 孩子長出 6 到 8 顆乳牙；

2. 孩子能自己坐起來，會爬了，扶著家人或者床沿能夠站立，能夠扶著大人的手邁步；

3. 孩子開始能聽懂一些家人的話，並且能夠理解一些簡單

的指令，比如拍手或者再見等，能配合家人的動作脫衣服；

4. 孩子能發出「baba」等音，能學著叫爸爸媽媽；

5. 喜歡讓人抱，對著鏡子裡面的自己笑；

6. 學會拍手，在聽到家人表揚自己的時候，孩子會很高興地有所表示；

7. 喜歡和小朋友一起玩。

當孩子出現下面的狀況，家長要注意，趕快帶孩子去看醫生。

1. 還沒開始長牙，不能吞嚥菜泥、餅乾等固體食物；

2. 不會模仿簡單的聲音，不能根據簡單的口令做出相應的動作，對新奇的聲音或者不尋常的聲音不感興趣；

3. 不能夠獨坐；

4. 不能用拇指和食指捏取東西；

5. 當快速移動的物體靠近的時候，孩子不會眨眼睛；

6. 不能和家人友好地玩耍。

1 到 1 歲半，孩子這樣發育成長

1. 孩子有 8 到 14 顆乳牙，能夠獨立站和走，蹲下再起來，能抬起一隻腳做踢的動作；

2. 走路的時候，孩子能夠推、拉或者搬運玩具，能玩簡單的打鼓、敲瓶子等音樂器械；

◆ 第一章　尊重成長節奏：讓孩子自然長大

3. 能重複一些簡單的聲音和動作，能聽懂一些話，並能說出自己的名字；

4. 喜歡聽兒歌、故事，聽家人的指令能指出書上相應的東西；

5. 能用一兩個字來表達自己的意願，自主叫爸爸媽媽；

6. 能辨認出家人的稱謂和家裡熟悉的東西，能指出自己身體的各個部位；

7. 開始學著自己用杯子喝水、用湯匙吃飯；

8. 能夠短時間和小朋友一起玩耍。

當孩子出現下面的狀況，家長要注意，趕快帶孩子去看醫生。

1. 囟門比較大；

2. 不能表現出明顯的多種情緒，如憤怒、高興、恐懼之類的；

3. 不會爬，不能獨立站立。

1歲半到2歲，孩子這樣發育成長

1. 能向後退著走，能扶欄杆上下樓梯，在家人的幫助下，可以在寬的平衡木上走；

2. 在家人幫助下，能自己用湯匙吃飯，主動表示想大小便，能自己洗手；

3. 開始模仿父母的行為，比如做家務、翻書等；

4. 出現多種情感，比如同情、愛和不喜歡等；

5. 能夠開始踢球、扔球，玩沙子、玩水，喜歡童謠、歌曲、短故事和手指遊戲；

6. 會說 3 個字的短句子，知道並運用自己的名字，比如說「寶寶要」；

7. 能模仿摺紙，嘗試堆 4 到 6 塊積木，能夠辨別兩種顏色和簡單的形狀，比如圓形、方形和三角形等；

8. 能認出照片中的自己，笑或者用手指出。

當孩子出現下面的狀況，家長要注意，趕快帶孩子去看醫生。

1. 不會獨立行走；

2. 不試著說話或者重複詞語，對簡單的問題不會用「是」或者「不是」回答；

3. 對一些常用詞不能理解。

2 歲到 3 歲，孩子這樣發育成長

1. 20 顆乳牙基本長齊，能自己獨立用餐，能將物品進行簡單地分類；

2. 會騎三輪車，能雙腳並跳、玩攀爬架、獨自繞過障礙物；

3. 能用手指捏起小的物體，能解開衣服上的大釦子，洗完手後會擦乾；

第一章 尊重成長節奏：讓孩子自然長大

4. 能自己上下樓梯，會扭開或者扭緊蓋子；

5. 喜歡倒東西和裝東西，開始有目的地運用東西，比如把積木當作小汽車到處推；

6. 能握住蠟筆在紙上進行塗鴉；

7. 能對物體進行簡單分類，熟悉主要的交通工具和常見的動物；

8. 喜歡有人唸書給他們聽，並且能一頁一頁翻書，假裝「讀書」；

9. 能說出6到10個詞的句子，正確使用「你」、「我」、「他」；

10. 脾氣不穩定，沒有耐心，不喜歡等待，喜歡和別的孩子一起玩，相互模仿言行；

11. 喜歡「幫忙」做家務，愛模仿生活中的活動，比如餵娃娃吃飯。

當孩子出現下面的狀況，家長要注意，趕快帶孩子去看醫生。

1. 不能自如行走，經常摔倒，沒人幫助無法爬下臺階；

2. 不會提問，不能說兩三個字的句子；

3. 不能區分簡單的物體種類；

4. 不喜歡和小朋友玩。

3歲到4歲，孩子這樣發育成長

1. 能交替邁步上下樓梯，能倒著走、原地蹦跳，短時間單腳站立；

2. 能畫橫線、豎線、圓圈等，能說出紅、黃、藍等顏色名稱；

3. 認真聽符合年齡的故事，喜歡看書；

4. 能簡單地表達自己的願望和要求，敘述自己看到的事情；

5. 喜歡問問題，能記住家人的姓名、電話等；

6. 能使用筷子、湯匙等獨立吃飯，能夠獨立穿衣服；

7. 能按「吃」、「穿」、「用」進行物品分類，用手指著東西數數；

8. 能與他人友好相處，懂得簡單的規則，能參加簡單的遊戲和小組活動；

9. 非常重視自己的玩具，甚至有時候會變得有侵略性，比如搶別人的玩具，把自己的玩具藏起來；

10. 會表達喜歡、害怕等強烈的感覺。

當孩子出現下面的狀況，家長要注意，趕快帶孩子去看醫生。

1. 聽不懂別人的話，不能說出自己的名字和年齡，說不出3到4個字的句子；

2. 不能自己一個人玩3到4分鐘；

3. 不會原地跳。

第一章　尊重成長節奏：讓孩子自然長大

4 歲到 5 歲，孩子這樣發育成長

1. 能熟練地單腳跳、直線行走、輕鬆起跑、停下、繞過障礙物；

2. 能正確握筆，簡單畫出圖形和人物，能穿較小的珠子，認識 10 以內的數，能看懂和說出圖畫的意思，喜歡聽有情節的故事、猜謎語，能按照顏色、形狀等特徵對物體進行有規律的排列；

3. 能回答「誰」、「為什麼」、「多少個」等問題，能說比較複雜的話，比較清楚地表達自己的意願；

4. 能努力控制自己的情緒，不亂發脾氣，但是會因為有小挫折而發脾氣；

5. 喜歡與朋友一起玩，分享玩具，喜歡參與集體活動。

當孩子出現下面的狀況，家長要注意，趕快帶孩子去看醫生。

1. 無法說出自己的全名，說出的話別人聽不懂；

2. 不能獨立上廁所，不能控制大小便，經常尿褲子；

3. 不能單腳跳，無法辨認簡單形狀。

5 歲到 6 歲，孩子這樣發育成長

1. 學習交替的單腳跳，會翻跟斗，能快速且熟練地騎三輪車和玩有輪子的玩具；

2. 能夠使用筆畫出很多形狀和寫簡單的國字，能用各種圖形的材料拼圖，並將物品按照從短到長、從小到大的順序排序，能數到 20 或者 20 以上，聰明一些的孩子甚至能數到 100；

3. 開始有時間的觀念，能將時間和生活連繫在一起，比如「7 點了，要起床了」；

4. 能邊看圖畫，邊講熟悉的故事，能正確轉告留言、接聽電話；

5. 喜歡玩伴，有一到兩個很要好的朋友，能與朋友分享自己的玩具，喜歡參加團體遊戲和活動；

6. 情感豐富，懂得關心別人，尤其對比自己年齡小的孩子，或者對受傷的孩子和小動物特別體貼；

7. 比小時候更能自我約束，可以控制自己的情緒。

當孩子出現下面的狀況，家長要注意，趕快帶孩子去看醫生。

1. 不能交替邁步上下樓梯；

2. 不能安靜聽完一個 5 到 7 分鐘的小故事；

3. 不能獨立完成自理技能，比如刷牙、洗手、洗臉等。

孩子的發育狀況在不同的年齡階段都有不同的表現，如果家長發現情況與上面有所出入，也不要著急，及時諮詢當地醫生，採取措施。孩子的早期教育有極大的可塑性，也很容易受傷，發育的異常發現得越早越好，及時治療，康復的可能性越大。

第一章 尊重成長節奏：讓孩子自然長大

人格塑造：榮格九型人格與孩子的個性成長

「我的女兒美美從小開始，對什麼事情都做得十分精細，把房間裡的書和玩具擺放得整整齊齊，很愛乾淨。每次我讓她練習小提琴，她都非常自覺，一般我們對她的要求，她都會盡量做到，我一直覺得她是個完美的『小天使』。但是隨著她慢慢長大，我發現孩子面對自己不擅長的東西的時候會變得特別焦慮，而且很不喜歡別人批評她，易發怒，顯得很暴躁。這是怎麼一回事？」

我們所有人的人生從某種意義上來說，都是由自身的各種傾向性編織而成，而決定這些的就是我們各自不同的內在人格特質。就像上面例子中的美美，有些人很可能就會對她的性格產生誤解，認為她這是表裡不一，是矯情或者是偽裝，但其實都不是，除了性格本身如此之外，還有一種潛意識「人格原型」在主導著這一切，呈現出不同的人格表現。

著名心理學家卡爾·榮格（Carl Jung）提出了「原型」的概念，他將人的人格特質分為九種，稱為九型人格。九型人格這一詞源自希臘文的音譯，意思是圓陣上有九個定點，象徵著九種構成我們社會的人的類型。按照人們的習慣性思維方式、情緒反應和行為習慣等方面的總結，人們的人格特質被分為九種類型：完美型、助人型、成就型、自我型、理智型、忠誠型、活躍型、領袖型與平和型。事例中的美美就是典型的完美型人格。

身為家長，最關心的就是孩子的人格發育，那麼不同人格的孩子有什麼特徵呢？家長又怎樣才能更好地引導孩子，幫助孩子更加健康快樂地成長呢？下面對現實中九種人格的孩子進行一下簡單的介紹和分析，希望能幫助到各位。

◎完美型

▍性格特徵

完美型的孩子大多有完美主義傾向，非常自律、公正，正義感、責任感、使命感都比較強，對自己的要求比較高。很喜歡規律和秩序，能建立良好的習慣，注意細節，喜歡糾正別人，樂意做事情，勤快又樂於助人。對待父母的期望會全力以赴，很會收拾東西。但是性格上為人比較固執，容易氣餒，不喜歡受到批評和指責，當面對自己無法勝任的事情會很焦慮，發怒時情緒會非常激烈。

▍教育方向

這類型的孩子做事十分有條理，追求完美，為了家長的期望會不懈努力，但相對地比較情緒化，容易沮喪，抗壓能力弱。家長在教育的過程中，指責時要先給予孩子肯定再說明錯誤的原因，對孩子的期望要適度，不要給孩子太多的壓力，維護他的上進心，幫助他緩解壓力，排解不良的情緒，建立積極向上的心態。消除孩子的畏難情緒，讓他明白勝敗乃兵家常事，有

第一章　尊重成長節奏：讓孩子自然長大

不擅長的東西很正常。教會孩子善待自己，試著欣賞他人，不要總是用批判的眼光看別人。

◎助人型

▍性格特徵

助人型的孩子都是熱心腸的小可愛，溫柔又惹人愛，喜歡分享，擅於注意別人的需求。多會努力遷就、取悅父母以換取讚賞，對別人的批評、責備、拒絕十分敏感。內向的孩子膽小害羞，得不到別人的愛就會撒嬌或者生氣，外向一點的孩子則愛在人前表現自我，用滑稽的動作吸引別人的關注。

▍教育方向

這一類型的孩子比較敏感，溫柔善良、樂於奉獻是他的優點，但是原則性較差，很容易被人當作「傻瓜」利用、欺負。家長要肯定孩子的優點，理解孩子的不足，多聆聽他們的聲音，教會孩子適度地奉獻，遇到自己無法完成的事情要學會求助。家長要盡量維護孩子的善心，教導孩子學會拒絕，強調他的自我意識。對這一類型的孩子，家長的指正要講究技巧，不然很容易讓孩子心理受到傷害，不要使用惡語，多誇讚孩子可以使孩子更有信心。

◎成就型

性格特徵

　　成就型的孩子樂觀合群，又非常自信，積極優秀，是家長們眼中的理想孩子。但是善於察言觀色、用成績獲取大人肯定的他們也有著自己性格上的不足，比如好勝心強，喜歡投機取巧，逞強，容易驕傲，當所做的事情失敗的時候，可能會推卸責任。

教育方向

　　家長要多培育孩子的內在善心，多在公共場合稱讚他，尤其是在善心方面，帶領他們參加一些沒有競爭性的活動。家長要盡量幫助孩子認清自己的情緒，難過、悲傷等負面情緒並不可恥，成功與否、成績好壞也不能完全決定人的一生，要戒驕戒躁。

◎自我型

性格特徵

　　自我型的孩子友善溫和，情感細膩，直覺敏銳，自尊心容易受損，喜歡追求創造力，愛幻想，多愁善感，討厭服從，不喜歡接受不能理解的命令。大多右腦發達，善於捕捉音律和抽象符號。

第一章　尊重成長節奏：讓孩子自然長大

教育方向

家長對待自我型的孩子要有更多的愛護和關心，讓他們感受到父母的支持，尊重孩子的自主性，不要過多地干涉和保護，當需要孩子遵守一個規範，可以給他一個能接受的理由，並讓他懂得為所欲為的話會傷害到別人。當需要教育時，要冷靜，不要使用可能損害孩子自尊心的言語。朋友對他們很重要，好的心靈讀物可以幫助他們內省。

◎理智型

性格特徵

理智型的孩子聰明好學，求知欲旺盛，喜歡自己一個人動手做事、收集資料、分析問題等，不喜歡集體活動，在人際關係上顯得比較木訥。由於不擅長人際交往，所以顯得有些不合群，不擅長表達自己，容易被欺負。

教育方向

家長要給予孩子足夠的獨立空間去思考學習，尊重他們的決定，有耐心地傾聽他們的傾訴，給予他們支持和安全感，鼓勵他們情感流露，學會表達，多參加社交活動。

◎忠誠型

性格特徵

忠誠型的孩子誠實可靠,勤奮能吃苦,做事情很認真負責,警惕性強,有危機意識,但是有時候又會有點杞人憂天,不喜歡環境變化,不輕易嘗試新鮮事物,容易因為不穩定感到有壓力。

教育方向

家長要多給予孩子信任和鼓勵,引導孩子多嘗試新鮮事物,給他們足夠的關心和愛,讓他們不再因為環境變化而憂慮,提高孩子適應環境的能力。

◎活躍型

性格特徵

活躍型的孩子開朗幽默,是個喜歡交朋友的樂天派,喜歡自由,不喜拘束。

雖然資質天分高,但是欠缺耐力和持久力,容易迴避痛苦和困難,習慣用否認或者自圓其說來迴避內心的恐慌,有點自戀傾向。

教育方向

家長要適度給予孩子自由,教育方法上要摒棄傳統的刻板方法,採取活潑有趣的方法,以生活中的事情為例,寓教於樂,可

以使孩子更加容易接受。多肯定孩子可以讓他更加開朗，家長可以多幫孩子留意他的才能和能力，有助於為孩子找出發展方向。

◎領袖型

▎性格特徵

領袖型的孩子精力旺盛，天真率直，喜好打抱不平，充滿了行動力，有強烈的自主傾向，喜歡多變，不喜歡規矩。崇拜權力，喜歡指揮別人，容易將人際關係放在對立局面上，不輕易表現出自己內心的焦慮和脆弱。

▎教育方向

家長要盡量轉移他們的精力，為他們講一些英雄故事、名人傳記，替他們建立行動的榜樣。對待他們的態度要堅決不妥協，奉行對事不對人的處事原則，贏得他們的尊重。從小培養孩子剛柔並濟的個性，當他們憤怒的時候，家長不要反應過度，仔細聆聽，並教會他們其他發洩情緒的方法，鼓勵他們展現天真、溫柔等正向的情緒。

◎平和型

▎性格特徵

平和型的孩子性格溫和、容易相處，愛好和平，很少出現反感的情緒，是一個不喜歡表達意見但是能自得其樂的孩子。

他們的節奏緩慢，不愛出風頭，害怕衝突和競爭，內心膽怯，容易受傷、受他人影響。有壓力的情況下，會變得固執衝動。

教育方向

家長不要對孩子的期望過高、給孩子壓力，多傾聽、幫助他們了解和表達自己的需求，讓孩子知道家長十分重視他們，會使他們更加勇於表達自己的情緒。不要打壓性地對他們說話，這樣會使孩子不敢說出真心話，當孩子出現生氣或者焦慮，家長要幫助孩子開拓情感世界，學會表達情緒。

九種人格的孩子沒有哪一種比另一種更好，但是如果家長不好好引導都會使他們往不好的方向發展，因此家長要留心觀察，準確判斷孩子的人格類型，接受並善待他們，適當調整自己的教育方法，慢慢來，就可以將孩子的潛能全部發揮出來。

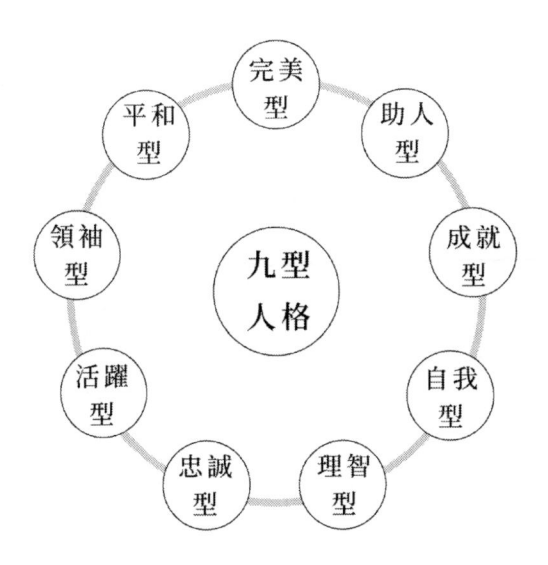

第一章　尊重成長節奏：讓孩子自然長大

面對成長低谷：陪伴比管束更重要

芳芳有一個兒子，平時非常調皮。她對孩子的管教也十分嚴厲，平時鄰居們總能聽到她大聲訓斥孩子的聲音和孩子哭鬧的聲音。這天，鄰居又從她家裡聽到了孩子哭泣的聲音，但是不知道為什麼這次的聲音比以往都大，並且伴隨著若有若無的拍門的聲音。

鄰居們不放心，就一起到芳芳家裡想勸解一番，去了才發現，原來因為孩子犯了一點小錯，芳芳把孩子關進了黑暗的小房間裡，讓他好好反省一下。孩子十分害怕，鄰居們適當地勸說，芳芳這才沒有繼續將孩子關在小房間裡，但是責罵依舊沒有變少。

家長在教育孩子的過程中經常會遇到孩子犯了錯怎麼說也不聽的情況，家長的脾氣一上來就恨不得打孩子幾下，有的家長更是為了能夠讓孩子害怕、知道自己的錯誤，而將孩子關進了黑暗的房間。在家長眼中，是給孩子一個獨立的空間讓他好好想清楚，卻不知在孩子眼中，就是爸爸媽媽親手把他們推向了黑暗和恐怖。

將孩子盲目地關進小房間，不但很有可能達不到讓孩子反省的初衷，還會帶給孩子很多不好的影響。

◎最明顯的就是安全感缺失，出現心理問題

當孩子被關進小房間，家長會發現就算是平時再囂張的孩子，也會變得很乖、很安靜。這是不是就代表孩子反省了自己的錯誤呢？其實不一定，但可以肯定的是，孩子突然進入一個黑暗的環境會非常害怕，十分沒有安全感。在這種情況下，他們會非常無助，這種無助感可以讓孩子本就不算強大的理智瞬間崩潰，根本無法靜下心來想自己哪裡錯了。長此以往，孩子可能會自卑，經常產生無助感，嚴重的話，甚至出現自閉或者是憂鬱等心理問題，尤其是日後當孩子面對相同的情況，都會產生很嚴重的心理陰影。

◎容易造成孩子同理心的缺失

如果孩子被關進小房間之後，足夠堅強，那麼他們可能在這樣的教育下，得出一個結論，那就是：如果一個人犯錯了，他們應該受到懲罰。這個道理乍看沒什麼問題，但是長期奉行這種「弱肉強食」的道理，漸漸地孩子就會缺少對別人的同理心，成為一個冷酷嚴苛的人。當然孩子並非故意這樣，而是因為他們不能理解一個犯錯的人有什麼值得同情的。畢竟他們小時候，父母也是這樣對待他們的。

第一章 尊重成長節奏：讓孩子自然長大

◎改變孩子的性格

孩子最信賴的、最能依靠的就是自己的爸爸媽媽，爸爸媽媽卻親手將他們推進了黑暗中，父母的這種行為無疑給了孩子重重的一擊，使他們感受到巨大的恐懼和信任感的斷裂。或許當孩子從小房間裡出來之後真的會變得老實聽話，但更有可能變得膽小、懦弱、無助且自卑，不敢輕易相信別人，害怕受傷等，這些不良的影響甚至可能伴隨孩子的一生。

由此可見，為了教育孩子，家長將孩子關進小房間的做法是多麼大的一個錯誤。

成年以後，孩子的思維方式、看待問題的態度、解決問題的方法等都可以從童年時期找到這些影子。當他們從父母那裡學到了解決問題的方法：不溝通、不諒解、不妥協、不寬容，他們就會將這些不自覺地運用到別人身上。如果做錯什麼了，那麼就讓我們進入無盡的黑暗和責罵中吧！

因此，對於孩子的教育，家長一定不能一味地利用關進小房間的手段。那麼家長怎麼才能引導孩子走出這段成長的黑暗期呢？

第一，教育孩子之前，先明確自己的目的。

當孩子犯了錯，家長先別急著發火，可以先冷靜一下，想幾個問題：孩子的哪些行為或者哪些話最讓我生氣？如果孩子沒有這麼做，我還會這麼懲罰他嗎？我能不能告訴孩子，我不

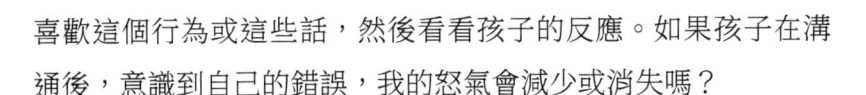

喜歡這個行為或這些話,然後看看孩子的反應。如果孩子在溝通後,意識到自己的錯誤,我的怒氣會減少或消失嗎?

在明確上面幾個問題的答案之後,如果回答都是「是」的話,那麼家長很有可能並不完全是為了教育孩子而發火,很有可能只是在發洩而已。所以這個時候,家長就要及時停止,先去做別的事情冷靜一下,待會再來和孩子溝通,否則家長可能會在教育的過程中傷害到孩子。

第二,引導孩子意識到錯誤。

孩子在小的時候經常會因為好奇心和獨立能力等因素犯錯誤,這個時候就需要家長及時引導,讓孩子在這件事情上學到東西,避免以後再犯同樣的錯誤才是對孩子最大的幫助,而不是因為一點小錯就將孩子關進小房間裡面自我反省。

家長可以告訴孩子,他們的某個行為、動作、語言讓你有點不高興,讓他們想想原因。這時孩子很有可能會逃避問題,但他們在心裡知道了家長不高興,以後面對同樣的事情,就會多進行思考,做正確的事情。

第三,讓孩子自己提出改正的方法,家長成為監督者,而不是命令者。

如果在和孩子溝通的過程中,孩子已經開始意識到自己做錯了,要改正,那麼無論他們的改正方法有多麼幼稚,只要沒有危險,家長都應當盡力配合,給予他們足夠的信任。這樣既可以幫助孩子樹立人格,又可以幫助他們堅持到底。

第一章　尊重成長節奏：讓孩子自然長大

如果改正過程中，孩子堅持不下去了，家長不要進行指責，而是要仔細詢問他們原因，讓他們去思考，幫助他們思考失敗的原因。如果孩子成功了，那麼家長也要為他們慶祝。

第四，家長以身作則，言傳身教。

懲罰不是目的，目的是為了讓孩子意識到錯誤，很多家長都是這麼想的，但是脾氣一上來就很容易衝動行事，做出不該做的反應。這個時期，家長以身作則、言傳身教正是樹立自身正確形象的大好時機，只要家長發揮帶頭作用，做到極致，孩子也會在家長的影響下潛移默化地把事情做好，有時榜樣的力量比說教更強大。

正確的教育方式可以幫孩子樹立正確的價值觀，形成更好的人格。請家長慢慢來，和孩子一起成長，比起「反省室」，孩子更需要父母的陪伴，成長的黑暗期需要父母愛的光芒才能驅散，在愛中慢慢成長的孩子在前行的道路上才不會迷茫，一直向前。

和孩子做朋友：讓愛無壓力地流動

朋友來家裡做客，飯後和玲玲媽媽吐槽家裡的孩子太讓人煩心了。「我每從早忙到晚，為了孩子幾乎是付出了一切，可是你看看，孩子一點都不理解我，還一直埋怨我，唉，我真是心痛。」

玲玲媽媽抬眼看了一下正在畫畫的玲玲，笑道：「妳覺得我

和玲玲關係怎麼樣？」

朋友回答：「很好啊，我都羨慕妳，玲玲居然這麼聽話。」

玲玲媽媽笑了笑，說：「那是因為我不僅僅是她的媽媽，我還是她的好閨蜜。我倆可以一起玩遊戲，一起逛街，一起吃好吃的，相互訴說心事。妳看看妳是怎麼對妳家孩子的，他應該最能感受到妳是不是真的愛他了。如果妳做的所有事，都是在強迫式地對他好，妳覺得是真的對他好嗎？」

聽了玲玲媽媽的話，朋友陷入了沉思。

現實生活中很多媽媽都放不下家長的架子，總覺得自己對孩子已經是盡心盡力了，但是孩子還是不能理解她，經常惹她生氣，所以既生氣又覺得委屈。但在孩子眼中，這種所謂的好其實違背了他們的意願，限制禁錮了他們的各種發展。所以家長和孩子相處的過程中，不能只用強權，還要學會軟硬兼施，用平等的眼光看待孩子，用平常心和孩子溝通交往，和孩子做朋友。那麼家長和孩子為什麼要當朋友？有什麼好處呢？

◎孩子會更信任父母

當家長和孩子成為朋友，雙方處於一個平等的位置，相互溝通，孩子會更加地信任父母、依賴父母，更喜歡與父母進行交流，分享自己的情緒和生活中的瑣事。如果遇到事情孩子也會願意先和父母商量，接受父母的意見和看法，然後再按部就班地走好自己的每一步。

第一章　尊重成長節奏：讓孩子自然長大

◎孩子和父母的相處更加輕鬆

當家長和孩子成為朋友，一起玩耍，一起做事情，孩子會在和父母的相處中更加輕鬆，不再拘謹，在這種環境下長大的孩子，會更加開朗樂觀，更加樂於表達自己，親子關係更加親近。

◎父母可以更加了解孩子的需求

當家長和孩子成為朋友，孩子也願意將自己的心裡話與父母分享，這樣一來，父母了解孩子的最新需求，可以在第一時間發現孩子可能出現的問題，進行引導和幫助，減少孩子走上錯誤道路的可能性，教育效果事半功倍。

當孩子感覺自己是被愛著的、被支持的，並且能夠經常得到大人的鼓勵，那麼孩子就能按照自己的本能，充分發揮出自己的聰明才智，創造出屬於自己的價值，茁壯成長。

明明媽媽正在和好久不見的朋友在家裡聊天，正好同事打電話過來。明明覺得無聊，跑過來纏著媽媽要玩手機。可是媽媽正在和同事說事情就沒有理會他。朋友哄著明明：「明明乖，媽媽等一下打完電話就可以讓你玩了。」

「我不管，」明明生氣地大喊，「我就要玩手機，我就要玩手機，妳快點給我，不然我等一下把手機砸了！」

明明媽媽很無可奈何地和同事說了兩句，結束了通話，把手機拿給了他。明明拿著手機心滿意足地玩了起來。朋友有點

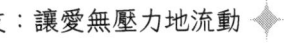

不可思議：「妳不生氣嗎？」

明明媽媽勉強笑笑：「我們家管得鬆，平時都是和孩子做朋友的，所以小孩子也不怕大人，比較活潑，什麼場合也不會怕生。」

由上面的例子，我們不難看出很多家長對於和孩子做朋友這件事是存在誤解的，和孩子做朋友並不意味著可以讓孩子不講道理，並不代表可以縱容孩子的一切行為。

第一，孩子需要人管教。

父母是孩子的啟蒙老師，而老師要做的就是教會孩子什麼是規矩。如果孩子和家長成了朋友，卻沒有學會規矩、學會尊重，甚至沒有相互尊重的概念，那麼他們又怎麼可能在未來的日子裡尊敬老師同學、尊重這個社會的運行規則呢？家長如果只是一味地想著和孩子做朋友，而忘記去管教他們，那麼在未來，社會必定會給孩子更加沉痛的教訓。

第二，過分的平等就是縱容。

在很多社會新聞中常能看到孩子毆打父母或者和父母吵架、亂摔東西的案例，為什麼會出現這樣的事情呢？歸根結柢是父母平時太強調和孩子的平等，以至於孩子缺乏對自己定位的了解，稍有不順心就對父母拳打腳踢。就像上面例子中的明明一樣，他們覺得自己和父母是平等的、是朋友，所以就會肆意地打斷父母的對話，甚至開始動手，這種行為在同齡人中可以被稱為大鬧，但是放在長輩身上，那就是不禮貌，是父母對孩子的縱容。

第三，讓孩子參與決策，並不是徹底讓孩子「說了算」。

家長和孩子做朋友之後，很多家長就將孩子的意見參考到日常的決策中，甚至是直接上繳了決定權，讓孩子自己「說了算」。但在孩子還不具有獨立決策能力的前提下，這種做法實際上就是將選擇丟給了孩子，是極不負責的做法。家長應當做的是提供孩子可以選擇的空間，這樣既能顧及孩子的主動性，又能最大程度上保證選擇得足夠安全和可靠。

那麼家長到底怎樣和孩子做朋友才是正確的呢？

首先，跟孩子做朋友要建立在規則之上。家長和孩子做朋友，必須要有界限，必須是建立在規則之上的，違反規則卻不指責，這樣孩子就無法清晰地明白自己的錯誤，雖然父母可以包容孩子的錯誤，但是社會不會，因此孩子需要懂得規則。

其次，尊重孩子的選擇。在教育過程中，父母要尊重孩子的願望、選擇等，即便這些在大人的眼中十分幼稚可笑，尤其是當孩子完成了一個目標，大人答應獎勵他們的時候，無論孩子提出什麼要求，只要不危險、不違法犯罪，父母都應該盡量滿足。和孩子做朋友就是要尊重孩子的奇思妙想，尊重孩子的獨特愛好，尊重孩子那些天馬行空的夢想和一往無前的勇氣，這才是父母該做的。

再次，讚美傳遞信心。人類的本性中最深的期望就是被讚美、欽佩和尊重。父母發自內心的讚美可以使孩子的內心充滿了自信和希望，內心的愉悅會鼓勵孩子繼續下去，讓孩子變得

勇往直前。

　　最後，用心去傾聽孩子的聲音。傾聽是對人最好的恭維，家長想要和孩子做朋友，就要先學會認真傾聽孩子的訴求，真正了解孩子想要的是什麼，而不是大人認為孩子應該需要的。傾聽過程中，不管孩子跟家長傾訴什麼，都代表著孩子對家長的信任，家長要充分展示尊重和認真，不要隨意打斷孩子的話，或者嘲諷、辯解，要給予孩子充分的理解和寬慰。

　　家庭教育是一切教育的起點，對孩子的影響很大。無數的新聞都已經向我們證明以朋友之名縱容孩子，以後要付出更高的代價。因此父母和孩子做朋友，就要做值得尊敬的良師益友，良師在先，益友在後，不強迫的愛才是真正促進孩子茁壯成長的養分。

◆ 第一章　尊重成長節奏：讓孩子自然長大

第二章
教育的黃金法則：
避免拔苗助長

教育學要遵循的原則是適應性與規律性，而家長違背原則的做法無疑會對教育增加毫無必要的障礙。在你的教育中有哪些行為是違背教育學規律的？這些行為應該怎樣發現和避免？

第二章　教育的黃金法則：避免拔苗助長

主體原則：教育不是為了滿足家長的虛榮

「我的兒子樂樂都學鋼琴三年了，平時彈得也不錯，但是就是不好好練琴，太貪玩了。每次都要我逼著才能在鋼琴前面老老實實地坐一陣子，只要我一個不注意，他肯定就跑到別的地方玩了。我哄也哄了，吼也吼了，甚至使出各種手段威逼利誘，他還是不想練。之前家裡來了客人，讓他表演一段，他滿臉的不情願，花了好大力氣才說服他。」

「我女兒萱萱也是這樣，之前學琴要檢定，壓力非常大，我停掉所有活動陪她，那時候她每天練6個小時，老師來了卻說她沒什麼進步，後來我把她在家練琴的影片傳給老師才知道，她根本就是在亂彈，糊弄我們。最慘烈的一次，是她不肯練琴，在房子裡跑來跑去地跟我們捉迷藏，被我抓過來的時候，像殺豬一樣哭喊了足足有半個多小時，我是心累又心疼。」

大多數家長最初讓孩子學習一門才藝都只是為了讓孩子多一項興趣愛好，目的大多是希望可以陶冶孩子的情操，提高一些藝術素養，而並非真的希望孩子走藝術的專業道路。但是當孩子真的開始學習的時候，家長的心理就會不知不覺越來越功利，希望孩子考學校時加分、比賽獲獎等。在這個過程中不自覺地將自己的想法和意願強加到了孩子的身上，打著為他們好的名義，罔顧了孩子自己的想法，造成了孩子的叛逆、反抗。

面對孩子的抗拒、逃避，父母常常生氣又心累，我們總希

主體原則：教育不是為了滿足家長的虛榮

望孩子可以聽話一點，順著我們的意思去行事。有的家長甚至認為，孩子的看法並不重要，孩子還小，長大以後就會明白父母的苦心了，但是往往到後來事與願違，孩子不僅不理解父母，還會怨恨父母。

造成這樣的後果的原因就是在孩子成長的過程中，家長沒有遵循家庭教育的原則，使得養育孩子的過程中，家長與孩子的矛盾越發不可調和。那麼什麼是家庭教育的原則呢？

其實，家庭教育的原則就是指在家庭教育活動中，為了實現家庭教育目的而需要遵循的基本要求，它是家庭教育中必須要遵守的原則，在家長教育孩子的過程中遇到問題和矛盾，可以以此作為參考，這對家長制定教育計畫、選擇教育的具體內容和合適的教育方法有很大幫助。

家庭教育的原則是透過對無數的家庭教育經驗的總結和摸索兒童成長規律得出的。家長在對孩子進行教育時使用正確的原則，合理地加以運用，就能夠使教育的效果事半功倍，達到家長想要的目的。

在現代家庭教育中，家長首要遵循的原則就是主體性原則，在上述的案例中，家長就違背了這個原則。那麼主體性原則具體指什麼呢？

主體性原則就是指在家庭教育的過程中，家長必須以人為本，正確了解孩子的主體地位，尤其要承認孩子的獨立人格和尊嚴，主動地引發孩子的主動性、積極性和創造性，和孩子建

第二章　教育的黃金法則：避免拔苗助長

立和諧友好的親子關係，以達到促進孩子全面發展的目的。

在平時的教育過程中，家長要根據現實情況，多多運用主體性原則，強調和尊重孩子的主體地位，多多傾聽孩子的想法和意見，不能獨斷專行、完全自己說了算。只有將孩子的積極主動性充分引發，孩子才能在成長中更加主動地去學習成長。

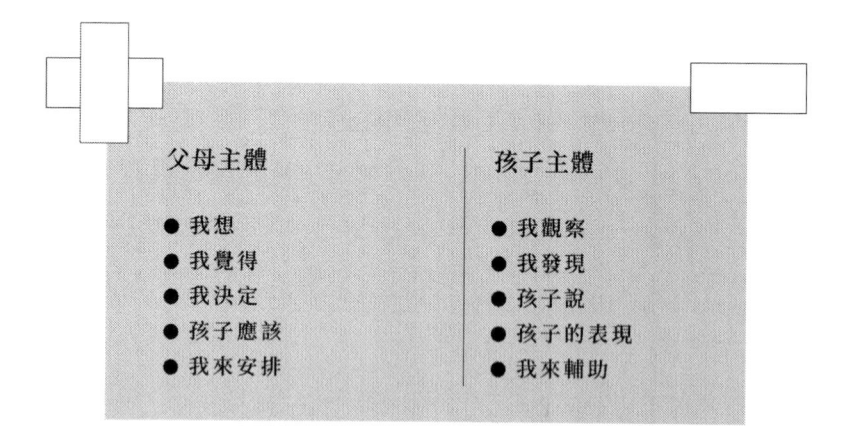

父母主體	孩子主體
● 我想	● 我觀察
● 我覺得	● 我發現
● 我決定	● 孩子說
● 孩子應該	● 孩子的表現
● 我來安排	● 我來輔助

那麼在家庭教育中家長又該如何貫徹主體性原則呢？

首先，樹立正確的兒童觀。

什麼是兒童觀？兒童觀就是人們看待和對待兒童的最基本的觀點，一般正確的兒童觀需要父母承認和尊重兒童的主體地位和人格尊嚴，不能因為孩子年紀還小、社會經驗還不豐富就執意忽略他們的感受和看法，一味地按照家長的想法、經驗辦事。只有家長意識到孩子是一個獨立的個體，他們有自己的想法和感受，學會尊重、信任孩子，學會正確地關心、愛護孩

子,激發和維護孩子的自尊、自愛、自信的心理,才能夠使孩子真正學會主動、積極、自律,健康快樂地成長。

其次,充分發揮家長的能動性。

家庭的主體是人,家庭教育作為一種互動教育,需要家長和孩子共同參與到其中。但是家長每天都需要面對工作、生活中的各種事情,處理各種問題,這其中有令人高興的事情,也自然就會有令人沮喪的事情,那麼在這種狀態下家長怎麼樣才能調整好狀態,充分發揮自己的能動性呢?

在心理學上有一種吸引力法則,說的就是當人的思想集中於某一個領域的時候,這個領域相關的人、事、物就會被吸引而來。換句話說,不論身處順境,還是身處逆境,如果人將注意力放到不同的地方,將會決定生活是向好的方面發展,還是向壞的方面惡化。因此,在平時生活中,家長要盡量調整好自己的心態,朝著更加積極樂觀的方向生活,這種樂觀的情緒會感染孩子,使他在未來的成長中也會逐漸變得開朗向上。

現實生活中很多時候因為家長對於孩子主體性的忽視造成悲劇的事情不在少數,家長或許會責怪孩子的身心實在太過脆弱,但從另一個角度來說,家長罔顧孩子的意願,絲毫不考慮孩子的自尊,將自己的想法強加於孩子,又何嘗不是造成悲劇的禍根呢?己所不欲勿施於人的道理我們都懂,但是在面對孩子時,家長卻會不自覺地用自己的方式、經驗、看法來保護孩子,而導致忽略了孩子真正的感受。對成長中的孩子來說,過

度地保護、命令或許是以愛的名義傷害他們，對於主體性意識較弱的孩子，家長需要進行積極的引導和教育。

給孩子建議而不是命令

當孩子在想法上、課業上、生活上遇到困難時，第一時間想到的就是向父母進行求助，這時家長要給予他們正確的指導，幫助他們有效地解決問題，家長要做的是進行引導和建議，並非替孩子做決定，要將決定權交給孩子。家長不是孩子的「上司」，不能要求孩子絕對服從命令，強迫孩子做他們不想做的事情，孩子的主人是他自己。未來要做的選擇還有很多，家長不可能一一為他們決定。家長在處處幫孩子做決定之後，又要求他們在長大之後立刻擁有自己的主見，這是不現實的。

與孩子成為朋友

在平時的教育過程中，父母可以根據孩子的個性特點來思考和安排孩子的教育方法，多與孩子進行溝通，努力得到孩子的認同。家長要做孩子的朋友，和孩子進行平等的對話，對於孩子的合理要求，家長可以滿足，如果孩子的要求不合理，家長要心平氣和地和孩子講道理，讓他們能夠理解為什麼不能這樣。

當父母出現錯誤時，也要允許孩子指出，家長要勇於在孩子

面前承認錯誤,以一種平等的身分相處,而不能以父母是大人為藉口,糊弄孩子,或者強硬地將錯誤掩蓋過去。及時地採取措施糾錯,這樣家長才能為孩子樹立知錯就改的良好榜樣。

投桃報李,越鼓勵越出色

要想激發別人的積極潛能,把事情做得出色,就不能一直著眼於孩子的缺點、錯處,而是要看到他們的長處和優點,多稱讚他們,這樣他們才會更有動力,這就是投桃報李的道理。家庭教育中也是要如此,家長要發揮孩子的主體性,就不能壓抑孩子成長中的各種情感,要讓孩子釋放自己的情感,放飛自己的想像。如果孩子一直聽從於父母的命令,不能表達自己的看法,不就成為父母手中的提線木偶了嗎?家長總是和孩子說「不行」、「不可以」、「不」,這樣是無法培養出孩子自己的主動性的,反而會產生反作用,因此更多的時候父母要說「好」、「可以」、「很棒」,適當地鼓勵教育才能夠引發孩子的積極性和參與性,讓孩子主動地接觸這個世界,主動地學習。

孩子雖然對這個世界認知還不夠完全,但已經有了自己的感受和想法,未來是孩子自己的人生,家長要做的是在尊重孩子主體意願的基礎上,對孩子進行教育和引導,使之成為一個對社會有價值的人,而不是強行將自己的意願放在孩子身上,規定他的人生。陪伴與鼓勵是家長能給孩子的最好禮物,請讓孩子以自己的意願,健康快樂地成長!

第二章　教育的黃金法則：避免拔苗助長

啟發原則：尊重孩子的成長步調

「我兒子今年才3歲,已經會寫很多字了,數學也已經達到了小學程度。我準備再替他報兩個補習班,好好加強一下,千萬不能輸在起跑點上,學習要從小開始。」

「我家莉莉從4歲開始,就按照我的安排開始學習國文、數學、英語等課程,現在她才13歲就已經把高中的內容學習得差不多了,人家都說她是神童,我準備讓她明年參加大學考試,說不定真的會考上大學呢!」

近年來,越來越多的「神童」開始出現,除去部分孩子因為智商超群,早早學完了義務教育階段的知識被大學破格錄取的個案之外,更多的「神童」是透過家長的教育培養出來的,而他們長大後,由於缺乏對社會、對人際關係的體會感受,常常在大學畢業後陷入一種「手足無措」的尷尬之中,更有甚者,因為從小到大將全部精力放在課業中,成長為生活中的「巨嬰」。

植物有植物的生長週期,動物有動物的生長規律,身為高級動物的人,更有其特殊的成長階段。因此,在孩子的成長過程中,家長切記一定不能「揠苗助長」,這些「揠苗助長」教育的背後壓縮的是孩子的受教育時間,一方面可能會在孩子年紀還小的時候就產生很大的壓力,另一方面更有可能違背了孩子的成長規律,對孩子的未來造成不良的影響。

據統計,全球大多數國家少年兒童的義務教育時間都在 10

啟發原則：尊重孩子的成長步調

到14年之內，其中大多數都在12到13年，這是經過多年發展，人們共同摸索出的規律。一般來說孩子需要10到14年的時間，來完成基本的知識儲備、實現心智上的成長和轉變。如果讓他們在快速的時間內實現巨大的成長跨越，或許會為他們以後融入社會埋下隱患。

亮亮4歲就開始拿著筆學習寫字，雖然寫得歪七扭八的，但是爸爸媽媽還是非常心滿意足。還沒有上小學的他已經學會了小學才會的加減法，這讓他在一段時間裡被頻頻誇獎。

但是不知道為什麼，上了小學之後他反倒成了班上程度落後的學生。寫字握筆的姿勢不對，寫字的筆畫不對，老師不管糾正了多少遍，他還是會下意識擺回原來的姿勢，這可讓父母憂心不已。怎麼會這樣呢？

從出生到幼兒園階段是為孩子搭建一個好的框架，養成好的習慣、好的思維方式的時期，而非單純地以認識了多少字、學會了多少數學來界定「起跑點」的時期。但是很多家長由於太過著急，開始想辦法讓孩子從幼兒園就開始學習寫字、數學。於是孩子在本不應該寫字的年齡開始大量地寫起來，不顧姿勢是否正確，書寫的字是否端正，筆順、筆畫如何，只要是孩子開始認識、會寫字，家長的一時之需就得到了滿足，卻不知道對孩子的未來埋下多少禍根。長此以往，到了小學的時候，孩子對於小學的東西似懂非懂，學不進去不說，寫字的姿勢錯誤難以改正，握筆的姿勢更是千奇百怪，正確的很少，對於數學更

第二章　教育的黃金法則：避免拔苗助長

多的是掰著手指陷入了沉思中，導致思維方式被固化。家長渴望孩子快速成長，卻忘記了留給孩子成長的時間。

知識、才藝並不是學得越多越好，按照孩子的生命階段，學得恰到好處、用得自在嫻熟，讓孩子在保住童年樂趣的同時豐富知識、提高能力，才是家長最該做的。

孩子對於學習的主動性、積極性多表現為：

第一，孩子有積極向上的態度，對學習有濃厚的興趣，他們對感興趣的事物能保持很長時間的注意力；

第二，有強烈的求知欲和好奇心，對於周圍的事物和現象能夠仔細觀察，能夠積極主動地思考並提出問題；

第三，積極地參加各種活動、感受新事物、獲取新知識，擅長用語言把所學的內容表達出來，並會把學到的知識運用到新的學習活動中去。

在家庭教育中靈活運用啟發性教育原則，可以培養孩子生活和學習的能力，引發孩子主動學習、獨立思考的能力。那麼啟發性原則是什麼呢？

啟發性原則就是指在教育過程中，家長必須要善於啟發和誘導，充分引起孩子的學習主動性和積極性，激發孩子的求知欲和探索欲，引導孩子積極思考，提高孩子主動運用知識解決問題的能力。

春秋戰國時期孔子就提出「不憤不啟，不悱不發，舉一隅不以三隅反，則不復也」。意思就是沒到學生努力想弄明白卻想

不通的程度,不要去開導他;不到學生心裡明白卻不能完善表達出來的程度,不要去啟發他;如果學生不能舉一反三,那麼就先不要往下進行了。換句話就是說,在孩子思考問題的時候予以指導,幫助他們開闊思路是「啟」,在孩子有了思路但想法並不成熟,想說但又不知道怎麼表達的時候,幫助他們明確思路,弄清本質,幫他們用較為準確的語言表達出來是「發」。

啟發的本意在於引導,在孩子有求學之心、表達之欲的時候去啟發,在孩子能想到更多之後再去深入講解,如果孩子不能舉一反三,還沒有這個能力,家長們要更加有耐心一點,給孩子一點時間,讓他們慢慢理解,不要急於求成。

在家庭教育中怎樣才能貫徹啟發性原則呢?

尊重孩子的成長規律

孩子是學習活動的主體,自有其生長規律,家長要充分地尊重孩子的成長規律,給孩子一些時間慢慢成長,自己去探尋這個世界,不要急於求成,否則適得其反,也不要因為家長的心急毀了孩子。

啟發孩子主動思考

在家庭教育中,家長要善於引導孩子活躍思維,向更深、更遠的方向去思考。利用孩子的好奇心,盡量提出一些少而精、富有啟發性的問題,給孩子一些時間充分地進行思考,然

後再一步步引導他們去深入認真思考。

「我們為什麼要遵守交通規則呢？」小慧想了想瞪著圓圓的眼睛回答：「因為這是國家規定的。」「那為什麼國家規定了，我們大家就一定要遵守呢？」這一次面對爸爸的提問，小慧思考了許久：「因為不遵守交通規則就會被警察叔叔抓走。」爸爸進一步引導她：「那麼不遵守交通規則，會對我們的社會造成什麼樣的後果呢？」

聽著這個問題小慧陷入了沉思，這次想了好久才回答：「不但社會變得混亂不堪，而且慢慢地我們的生活也會變得一塌糊塗。」爸爸的問題一步一步深入，小慧思考的時間也越來越長，但是在這一問一答中，小慧也漸漸了解到了遵守規則的重要性，對此有了一定的認知。

指導孩子善於思考

在孩子理解學習的過程中，家長結合他們的學習過程，對他們的思維方法進行指導，讓孩子學會思考的方法，逐漸學會自己獨立思考。

正在解題的方方摸不著頭緒，爸爸先聽了他的思考方式，然後對他的解題思路進行了分析講解。遇到下一道同類型的題目，他下意識地想去問爸爸，但是爸爸讓他自己思考。想著之前爸爸向他講解的內容，方方自己按照規律一步一步推導，最後解出了答案。

啟發原則：尊重孩子的成長步調

引導孩子動手實踐

在平時的家庭教育中，家長要引導孩子對周圍的事物進行詳細的觀察，親自動手操作一下，在這種實踐中激發和培養孩子積極思考以及解決問題的能力。

「田字格被橫中線和豎中線分成了上下幾層？左右幾排？」孩子透過仔細觀察，動手去數一數，很快就能得到答案，原來田字格是左上、左下、右上、右下的結構。這樣的實踐遠比說教式的灌輸更有力度。

發揚教育民主

這是啟發原則的重要條件，它意味著家長在家庭教育中要創造和諧民主的教育氛圍，鼓勵孩子發表不同的見解，允許孩子向家長提出質疑，等等。

啟發原則是一種教育指導方法，是尊重孩子生長規律的原則。家長們可以靈活運用啟發原則，既可以滿足孩子們對新事物的新奇幻想、探索實踐，又能促進他們的思維能力、想像能力的提高，促進他們不斷思考、嘗試。有時候適當的啟發要比「揠苗助長」更適合孩子的成長，多給孩子一些時間成長吧，慢慢來，慢慢養，讓家長和孩子在這個過程中一起進步。

◆ 第二章　教育的黃金法則：避免拔苗助長

感官原則：性格的創傷往往源自父母

「我家雯雯也不知道是怎麼了，從小做事情就非常膽小，小心翼翼的，我們兩個對她講話大聲一點，她就沉默著，像是要哭的樣子。性格膽小又內向，以後上學了怎麼辦啊？」

「我兒子光光今年 5 歲，脾氣很暴躁，遇到問題就只會發脾氣，大吼大叫的，有時候還會摔東西，甚至動手打人，將來要是工作了，這個性格怎麼在社會上立足啊？真是讓我擔心。」

在孩子的成長過程中，家長總會發現孩子性格上的各種問題，並且對此十分擔憂。對於孩子的膽怯內向，父母會擔心孩子受到欺負，希望他們可以膽大一點；對於孩子脾氣暴躁，父母又擔心孩子以後無法和人和平相處，希望他們可以柔和一點。當孩子的性格狀態達不到父母的心理預期的時候，父母就陷入了焦慮，甚至擔心孩子是不是天生就是這樣，卻不知道每個孩子天生就帶有自己的性格特質，但是會造成現在的這種性格，有時候就是家長不經意間的言語、行為導致的嚴重後果。

曾經有人調侃說，父母是除了裁判之外，最常需要吼叫的、為數不多的「職業」，而他們吼叫的對象就是他們自己的孩子，由於現在生活的壓力很大，父母每天需要處理各式各樣的事情，有時候與孩子交流的時候就會沒那麼有耐心，不自覺間就開始嘮叨起來，責怪孩子甚至大聲地訓斥孩子，雖然每次在吼完孩子之後，父母都會擔心對孩子造成不好的影響，自己卻經常很難控制。

感官原則：性格的創傷往往源自父母

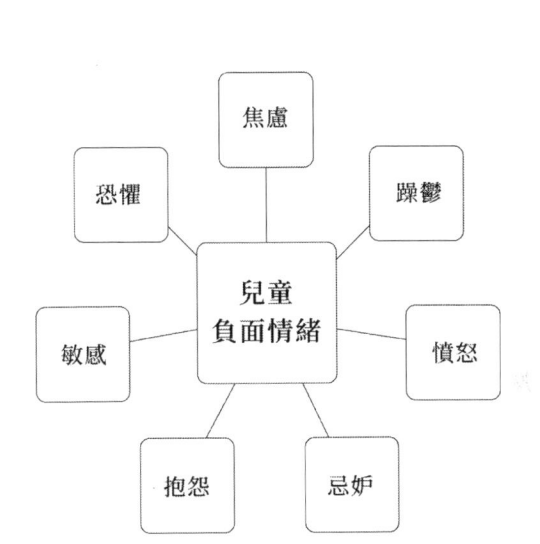

```
        焦慮
   恐懼      躁鬱
         兒童
   敏感   負面情緒   憤怒
      抱怨   忌妒
```

越來越多的專家認為，父母的吼叫和大聲責罵會讓孩子很焦慮，並且變得有攻擊性，會使孩子極度緊張和恐懼。不恰當的教育方式，使孩子在心理上和精神上受到傷害，對孩子的性格造成極大的影響，可能會導致出現以下後果：

變得小心翼翼

父母的吼叫和大聲責備，會使得孩子內心缺乏安全感，所以相對於普通的指責，更害怕父母的吼罵。在平時的生活中，為了避免被罵，孩子一般都不敢表達自己的想法和建議，做事情也會小心翼翼的，生怕再次遭到父母的責罵，留下心理陰影後，即便是長大以後，只要聽到父母大聲講話都會本能地感受到恐懼，因而形成了膽小內向的性格。

第二章　教育的黃金法則：避免拔苗助長

性格變得陰鬱

經常受到吼叫和大聲責備的孩子，有時候錯不在自己身上，父母卻大聲責罵自己，他們會本能地因為害怕暴怒的父母而不敢辯解，因為自己的想法和解釋沒辦法表達，心情鬱悶，慢慢就會形成陰鬱喪氣的性格。一方面孩子在心中明確知道父母是愛著自己的，但是另一方面又非常厭煩父母不理解自己，只會用吼叫和氣勢壓倒自己，心理上處於一種痛苦和矛盾中無法自拔。

開始變得叛逆

父母是孩子的啟蒙老師，在孩子還沒有是非的判斷能力之前，就會下意識地模仿自己父母的行為，如果父母的脾氣比較暴躁，並且經常大吼，那麼在這樣的長期渲染之下，孩子也會在不知不覺中變成這樣的人。

事實上孩子會產生這些心理現象，其實是受到了感官原則的影響。

感官原則在家庭教育中是指透過對感官的訓練，發展和提高孩子的感知能力的一種教育原則，可以對孩子的視覺、聽覺、嗅覺、觸覺進行培養。義大利教育家蒙特梭利（Maria Montessori）認為，智力的發展首先要依靠感覺，只有利用感覺的搜集和辨別，才能產生初步的智力活動。3歲到6歲是兒童發展感覺功能的重要時期，如果在這段時間內對孩子吼叫、大聲責備

等，可能會影響孩子的感覺合理發展，影響孩子的性格。

2009年到2018年，哈佛教授泰徹團隊對曾經經常遭受父母語言暴力的年輕人的大腦進行了分析，經過調查發現，父母如果長期對孩子大聲責備吼叫，不但會傷害親子關係，破壞家庭的和睦，還會影響孩子在性格、語言、記憶力、智商等方面的正常發展，使孩子在情緒的掌控上更難，出現憂鬱、焦慮等精神問題的機率也會很高。

針對這個問題，父母如何在家庭教育中利用感官原則理性教育孩子呢？

控制自己的情緒

很多父母看到孩子做錯事情，或者觸碰到一些東西，或者有危險動作的時候，就會大聲地喝斥、吼叫。可能父母是出於擔心或者憤怒等情緒，但是這種粗暴的方式不但不能讓孩子立刻意識到自己的錯誤、意識到自己的行為是危險的，反而會嚇到他們，會讓他們感覺到恐懼，因為恐懼而認錯，或者因為恐懼而對事物的好奇心、探索欲望降低，從而形成怯懦膽小的性格。

如果父母真的感到內心憤怒，建議花點時間先去平復一下心情，然後再對孩子進行教育，盡量改變自己說話的語氣，多陪伴孩子，心平氣和地和他們交流。用溫柔的語氣、耐心的態度對待孩子，讓孩子從視覺、聽覺中感受到父母的愛，進而增強安全感。

第二章 教育的黃金法則：避免拔苗助長

教育孩子要循序漸進、因人施教

循序漸進在家庭教育中是非常重要的，它是由簡到繁、由已知到未知的過程。在家庭教育中，父母要根據孩子在敏感期的特點，把孩子對各種感覺的發展作為教育的重點。同時，應當根據自己孩子的個體差異，去採取與之相適應的教育方法，利用讀、寫、算等教學活動使孩子學習起來記憶更深刻，從而達到由簡到繁的過渡。

經常鼓勵孩子

很多時候，鼓勵是可以幫助一個人成長的，在平時的教育中，父母多給孩子一些積極的鼓勵，可以讓他們明白自己所做的事情是正確的。父母的認可和鼓勵是孩子最直接能夠感受到的，長此以往，孩子就會變得越來越自信。

尊重孩子，換位思考

無論孩子年紀多大，都是有自尊心的，也是希望繼續得到父母的認可和誇獎的，如果長期對孩子大吼大叫，是對孩子的不尊重。不要認為孩子年紀小就可以不尊重他們，有時候父母的不尊重會讓孩子的性格變得自卑和怯懦。父母要學會站在孩子的角度，換位思考，尊重他們，這樣才能培養出一個健康、自信、快樂的人。

世界上沒有不愛孩子的父母，可也就是在無意間因為一些父母無知的愛意導致了孩子受到傷害，因此在陪伴孩子成長的過程中，父母要慢養，盡可能地給予多一點的耐心，也要盡量控制住自己的情緒，不要讓自己的情緒占據了主導地位，請記住孩子的感官是很敏感的，不要把愛變成一種傷害，讓孩子健康快樂地成長才是父母們最大的期望。

科學原則：打罵教育的隱性傷害

有一位媽媽說，自己的女兒在學校裡被一位小男孩推倒了，受了一點小傷，老師把她和對方的家長一起叫到了學校裡商量處理方式。

小男孩的父親非常明白事理，主動要求自己的兒子向女兒道歉，並表示以後再也不會隨便打人了。最初小男孩沒有表態，但是在父親的威懾下，最後還是道歉了。

這位媽媽也表示諒解和寬容，但是在這個過程中，這位父親的行為讓她留下了深刻的印象。他一直在訓斥孩子，並時不時地用手拍打孩子的後背，警告他：回家拿棍子打你。

這位父親抱歉地對她說：都怪他兒子太調皮了，一定是因為太久沒被打了才會在學校裡打架鬧事。

而反觀小男孩，在一旁瑟瑟發抖，表現得十分害怕。

這就是典型的打罵教育。在現代社會中，許多家長都是在

第二章　教育的黃金法則：避免拔苗助長

望子成龍的壓力下，對於孩子的不聽話、不成器恨鐵不成鋼，經常打罵那些不聽話、成績不理想、貪玩的孩子。久而久之，他們就把打罵孩子作為教育未成年人的「獨門祕訣」，甚至獲得「狼爸」、「虎媽」之稱。可是這種打罵教育真的還適用於現代的社會嗎？

在以前，打罵教育之所以能夠行得通，歸根結柢還是因為那時的子女很難擁有選擇自己人生的機會和權利，即便他們有自己的想法、有自己的觀點，也只能聽從父母的安排行事，畢竟子女的命運與選擇權都掌握在父母的手中。在每個人的人生都已經被人計劃好的情況下，父母讓孩子去服從、聽話，不失為一種行之有效的教育。

儘管時代在變化，但是依舊有很多父母的觀念還停留在以前，他們信奉打罵教育，認為「棍棒底下出孝子」，只有這樣孩子才會聽話、按照他們安排的道路發展，走上為他們規劃好的道路。這些父母一方面是不能面對自己在新形勢下對孩子教育中產生的無力感，另一方面他們覺得打罵教育見效快，簡單省事，可以第一時間看到孩子的改變，收到想要的回饋效果。

但是現在時代不同了，孩子擁有更多的機會，他們未來在社會上的核心競爭優勢是他們各自的主觀能動性和各自的獨特優勢。打罵教育在今時今日已經不再適用於時代發展的需求，現在只有人文教育、因材施教的教育方法才能培養出有理想、有道德、有文化素養、有紀律的人才。

科學原則：打罵教育的隱性傷害

研究結果表明，一般2歲到6歲的孩子被打罵，是因為調皮；6歲以後，被打罵是因為不好好用功。家長打罵孩子最簡單的理由就是孩子不聽話，在家長的眼中，孩子涉世未深，缺乏經驗，而自己吃的鹽比孩子吃的飯都要多，他們的決定肯定是有道理的、正確的，但是孩子偏偏不買帳。既然說不通，好，那就一頓揍。這樣孩子不說話了，默認了家長的話，世界都安靜了。

可是隨著年齡的增長，孩子的自我意識會越來越強烈，他們會自己形成一套理論、做事的風格和理由，當孩子的想法、做法與家長有異議的時候，孩子就成了家長口中的「越長大越難管」、叛逆的代表。

事實上每個孩子都是一個獨立的個體，他們都有自己的思想，有自己未來要走的路，家長不能一直用自己的思想去綁架孩子，有時候家長的經驗教育未必真的適合現在這個日新月異、飛速發展的社會。

長期對孩子進行打罵教育，會對孩子成長過程中的心理和性格造成很嚴重的傷害，帶來巨大的負面影響：

◎傷害親子感情

孩子與父母的關係本應該是孩子成長過程中最為親密的關係，而在長期打罵過程中，孩子與家長之間的感情不斷被割裂，最後留下不可修復的裂痕。

第二章　教育的黃金法則：避免拔苗助長

◎使孩子失去自信，悲觀厭世

孩子在成長為一個成人之前，心理發育還不成熟，比較脆弱，是需要家長好好保護的。如果長期因為一些小事、錯誤就對孩子進行打罵教育，會使孩子容易失去自信，變得自卑又厭世，覺得沒有什麼是自己能做好的，長此以往，會形成一種非常不健康的心理狀態。

◎挫傷孩子智商

發育孩子在成長過程中，會對外界的新鮮事物產生很多好奇心，會有很強的探索欲望，但是如果經常受到父母的打擊、打罵教育，就很容易畏畏縮縮，為了避免挨打順從父母的要求，沒有了自己的主觀能動性，沒有了自我動腦的欲望，久而久之，智商就會變低。

◎使孩子形成說謊、報復等畸形人格

長期處於打罵教育下，孩子為了減少挨打，可能會下意識地透過說謊來避免父母的打罵，時間長了就會形成說謊的習慣。並且有時候孩子可能在父母的強壓下不敢明著對抗，但是背地裡可能會做小動作報復父母，導致人格畸形。

◎孩子無法和人健康、平等、相互尊重地溝通處事

經過父母強勢的打罵教育，孩子本身就長期不曾受到過尊重，因此在平時的人際交往中，也無法和人平等健康地交流，拿捏不好尊重的分寸，對於別人的尊重會顯得受寵若驚，使交往變得非常奇怪。

因此，打罵教育是一種非常不可取的教育方式。在家庭教育中，家長更應該遵循科學原則，以一種科學的規律對孩子進行教育，而不是以自己的經驗來教育孩子。真正的教育是讓孩子成為一個完整獨立的人。

	親密關係建立失敗
	自信心喪失
	智商發育緩慢
打罵教育對孩子的負面影響	畸形人格
	社交能力弱
	富有侵略性或怯懦、退縮
	身體狀況差，失眠或嗜睡，營養不良

童年時期孩子與父母的相處模式，會漸漸內化到孩子的心靈深處，形成內在父母和內在小孩，影響著孩子的未來發展和為人處世。內在小孩與內在父母和諧相處，充滿了愛，孩子的內心才能擁有愛的能力，自愛又學會愛人如己。

第二章　教育的黃金法則：避免拔苗助長

那麼父母如何脫離打罵教育，貫徹科學原則，讓孩子獲取愛的能力呢？建議家長可以試試以下幾種方法：

打罵孩子之前，先緩和一下自己的情緒

孩子犯了錯誤，家長固然會很生氣，但是可以暫時轉變一下自己的注意力，吃水果，或者是去陽臺看一看外面的風景，吹吹風，冷靜一下，又或者是替自己定下一個數字，數完之後再教導孩子。這個方法可以緩解一下家長當時激動的情緒，能夠使家長更加冷靜地面對孩子的錯誤，不至於動手打罵孩子。

給孩子時間解釋

從來沒有無緣無故的錯誤，孩子做每一件事情都有他們自己的理由，在教導他們之前，先給孩子一些時間，聽聽他們這樣做的理由是什麼，適時地進行引導和教育，比起不聽解釋就直接動手教育要好得多，也更有利於管教和改變孩子的不良習慣和行為。

尊重孩子

孩子是獨立的個體，家長總是會下意識地忽略這一點，覺得孩子什麼也不懂，需要家長指點迷津，但是實際上孩子需要表達自己的想法，需要有這樣一個空間去釋放自己的想像力。

家長應當尊重孩子的想法，這樣為孩子以後成長為一個有想法的人，對孩子未來的發展都是有益處的。

家長使用打罵教育，一定要三思而後行，雖然暴力打罵見效快，但是很可能毀了孩子的一生。

教育超前的危機信號：從行為中察覺問題

前一陣子茜茜媽媽每逢看到有孩子的家長就問：「你孩子上小一先修班了嗎？」原來，茜茜開學馬上就要升幼兒園大班，但是最近很多同學都沒來上學了。

茜茜媽媽經過一番打聽才知道，這些孩子的父母都替他們報名了小一先修班，所以下個學期就不來上課了。

這個消息讓茜茜媽媽的心裡產生了極大的動搖，尤其是在班上只剩下6名小朋友的情況下，茜茜要不要繼續上幼兒園成了她最頭痛的問題。

原本茜茜媽媽堅持認為在這個年紀，孩子就應該快快樂樂地玩，而不是被繁重的課業、才藝班壓得喘不過氣來。但是越來越多的孩子加入了小一先修班，她又很擔心孩子會輸在起跑點上。去還是留，真是兩難的選擇。

隨著現代社會的競爭壓力越來越大，不少家長也和茜茜的媽媽有同樣的顧慮，本來不想給孩子壓力，但又擔心孩子跟不上，怕落於人後。這就是典型的超前教育的弊端帶來的後果。

第二章　教育的黃金法則：避免拔苗助長

　　超前教育就是指不符合各年齡層的教育，大多是要求孩子學習較大年齡的孩子才應該學習、知道的知識，來達到看上去比別的孩子更加聰明的狀態，在這種教育下「神童」、「少年大學生」層出不窮，這其中包含了很多父母的目的性心理因素。但是超前教育真的有必要嗎？超前教育真的讓孩子的智力「超前」了嗎？其實並不盡然，越來越多的教育學家提出讓孩子脫離超前教育，按照正常的生長規律進行教育。超前教育總體說來是違背規律的，對於個別的孩子可能是合適，但對於絕大多數的孩子並不適用。父母總是認為讓孩子提前學會了加減法、認識了很多字就是智力「超前」了，但是事實上孩子智力發展的評判標準並不能僅僅靠掌握某種技能做決定。過早地接觸這些會導致孩子養成不好的握筆習慣、寫字習慣等，到後來難以改正。

　　果果小時候是社區裡有名的「神童」，在別的小朋友還在玩的時候，果果就已經開始學注音、數數、識字，後來爸爸媽媽還幫她報了英語班、數學班、心算班、鋼琴班和舞蹈班等七八個補習班。在果果5歲的時候，她就已經能做小學二年級的題目了，英語程度也很高，鄰居們誰不誇她是個「小神童」？

　　上小學一年級的時候，果果一直是全班第一，回到家裡經常和爸爸媽媽吐槽說：「同學們都太笨了，這麼簡單的知識都不會。」

　　但是從二年級的下半學期開始，果果的成績突然開始下滑，一下從優等生掉到了中等程度，還經常不想去週末的補習班。在家長和班導聯絡上之後才得知，原來果果經常在上課的

時候走神，不但不好好聽課，作業也不好好寫。

爸爸媽媽對這樣的結果甚是不解，明明提前讓孩子學了那麼多的課程，怎麼到後來成績不升反降呢？

這就是典型的「三年級效應」。「三年級效應」指的是由於超前教育，小孩子在上小學一年級時，學校的內容已經學習過了，所以很輕鬆就能拿滿分，但是養成了不認真聽課的壞習慣。一直到孩子上了三年級，這個時候以前學習的知識已經用得差不多了，當老師開始教授新知識時，受超前教育的孩子由於長期缺乏良好的學習習慣和正確的學習態度，所以對陌生的新知識接受比較慢，從而導致成績極速下滑，甚至因為強烈的挫敗感而對學習產生了無力感和厭煩。

除此之外，超前教育還有哪些弊端呢？

◎導致孩子盲目自信

由於孩子超前的知識儲備，上小學之後會因為老師教的東西都會了而覺得自己比其他人都聰明，從而使孩子盲目自信，變得驕傲自大、目中無人。

◎孩子的求知欲被磨滅

學習是一個不斷探索的過程，對於接受超前教育的孩子來說，上一年級時老師教授的知識都是重複的，孩子就會覺得非

常無聊且枯燥，剛開始還可能注意力比較集中，但久而久之孩子就會對學習失去興趣，求知欲也會漸漸泯滅掉。

◎容易使孩子無法養成良好的學習習慣，影響以後學習

接受超前教育的孩子在剛開始的學習中一直處於一種「吃老本」的狀態，直到自己的知識儲備被掏空。在這期間孩子很少能養成良好的學習習慣，因此會影響以後的學習狀態，在未來的學習生涯中舉步維艱。

◎孩子容易變得消極

接受超前教育的孩子，被父母過早地剝奪了快樂的童年生活，這導致孩子喪失了原本該有的活力，並且小小年紀就每天對著書本，無法出去和小朋友玩、社交，難免會變得沉悶、消極。

◎孩子的想像力和創造力被扼殺

國外的兒童心理研究院做過這樣一個實驗：找人用簡單的語言描述一幅畫，然後讓兩組孩子分別根據自己聽到的內容來作畫。一組孩子接受過超前教育的學習，另一組孩子沒有接受過。兩週以後，教授再次重複這個實驗，得到的結果卻和之前完全不同。接受過超前教育的孩子畫的畫和上一次幾乎一模一樣，而沒有接受過超前教育的那組孩子，畫的內容和上次完全不同。

實驗得到的結論很明顯，越早接受超前教育的孩子，想像力和創造力受到的限制越多，消耗越大。過早地失去想像力和創造力，雖然暫時比同齡人知道得更多，但是失去了未來更多的可能性。

那麼家長在孩子的幼兒階段更應該重視哪些教育呢？第一，激發孩子的求知欲。孩子在幼兒階段對任何事物都很好奇，對任何事物都有一種新鮮感，家長可以好好利用這個時期，教孩子一些簡單的入門級別的知識，像是教孩子數數，或者認識簡單的字，也不需要每天教孩子很多，一天教一點，始終保留著新鮮感，這樣孩子就會對知識越來越渴望。

第二，培養孩子的學習興趣。孩子在幼兒階段就像一張白紙，需要家長一筆一筆地描繪。在這個時期，家長可以多帶孩子接觸一些事物，比如彈鋼琴、畫畫、跳舞、唱歌等，當發現孩子對哪個是真正感興趣的，就可以好好專注在這方面進行培養，這樣比家長不顧孩子的意願，隨便報一堆孩子壓根不感興趣的才藝班更容易培養出孩子的學習興趣。

第三，培養孩子的良好習慣。良好的行為習慣是孩子成長過程中必須培養出來的，對孩子的將來有非常重大的影響。我們經常能在生活中看到很多孩子上學之後還是經常丟三落四、桌面上亂糟糟的、上課找不到課本、聽課也心不在焉、經常走神等，即便家長反覆教育還是收效甚微，這些都是源於小時候沒有養成良好的習慣，長大後再想改就很難了。因此，只有在

第二章　教育的黃金法則：避免拔苗助長

小時候就養成良好的習慣，在未來的學習和生活中才會更加輕鬆、自律。

正所謂，「花有重開日，人無再少年」，家長們別太早對孩子灌輸那麼多知識，別著急催著孩子長大，如果條件允許的話，請多陪孩子走一段路，多看一處風景，多做一會兒遊戲。父母能夠給予孩子的最好禮物，也許就是讓孩子慢慢來，窮養富養都不如「慢養」啊！

第三章
破解成長密碼：
正視孩子的行為問題

孩子總是愛哭鬧；在幼兒園裡和小朋友打得不可開交；孩子總是愛說謊……在教育孩子的過程中，這些問題往往令父母感到棘手，那麼，從教育學角度是怎樣解決這些棘手的問題，讓家長可以不慌不忙應對孩子成長的挑戰的呢？

第三章　破解成長密碼：正視孩子的行為問題

愛哭的孩子：理解哭背後的訴求

「我的女兒靜靜特別愛哭，至少一天一小哭，有時候還會嚎啕大哭，我怎麼說、怎麼哄都不行，根本停不下來。她這一哭，弄得我很煩躁，頭都痛了，心裡七上八下的，只能想盡各種辦法讓孩子不要再哭了。」

「我家鬧鬧4歲了，小時候見到陌生人要哭，到了陌生的地方也要哭，有時候天黑了要哭，打雷下雨也要哭，好煩人。前陣子為了讓他的膽子大一點，我帶著他去參加早期教育啟蒙課程，別的小朋友都玩得很開心，就只有鬧鬧，我一離開他就哭，老師怎麼哄都哄不好。」

在和孩子相處的過程中，父母會發現有的孩子總是喜歡，對於孩子的哭，一般家長都會採取制止的策略，不是訓斥孩子，就是不理睬孩子，希望孩子能夠自己停下來。但是事實上，這種方法並不能從根本上解決這個問題，甚至還會對孩子弱小的心靈造成傷害。那麼到底家長們要怎麼樣對待愛哭的孩子呢？

首先我們要了解，哭是孩子內在情緒的外在表現。有時候突然離開自己父母、在學校裡被同學嘲笑、老師要請家長到校心裡害怕、作業做不完著急等情況下，孩子都會用哭的方式來表達自己的情緒。

愛哭的孩子一般都有豐富的情感，他們天生的共情能力比較好，對於感受的變化很敏感，但又不是很會表達情緒，於是哭

成了他們發洩情緒的一種通用方法。就像大人有時候在壓力太大的時候也會選擇用哭來緩解心中的情緒一樣，所以如果你的孩子經常哭，請不要去責怪他們為什麼遇到事情不能好好說，非要選擇哭。表達不出心中的情緒，這才是孩子選擇哭的原因，身為家長更需要去好好幫助孩子學會如何去表達。

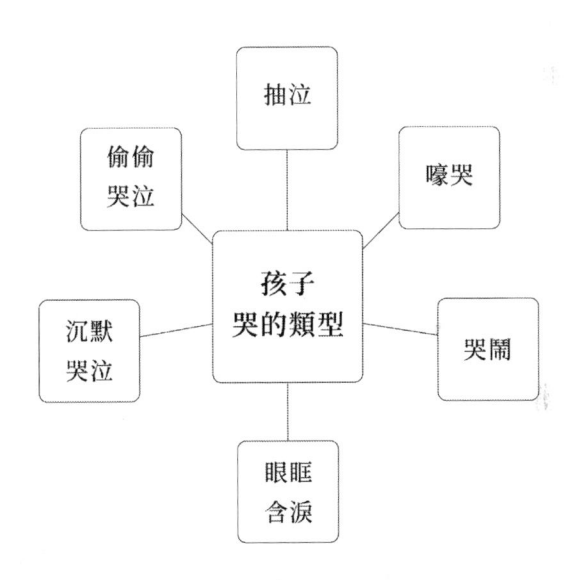

```
            抽泣
   偷偷哭泣        嚎哭
        孩子
        哭的類型
   沉默哭泣        哭鬧
            眼眶含淚
```

當然孩子愛哭可能還有一些其他的原因，比如：

哭是獲取東西的手段

在現代社會，獨生子女越來越多，對於僅有的這麼一個寶貝孩子，是含在嘴裡怕化了，捧在手裡怕掉了，對於孩子的哭總是十分心疼，因此從小只要孩子一哭，家長就會妥協，滿足

他的各種要求,這種做法讓孩子感覺到用哭的方法就可以得到自己想要的東西,或者可以避免做自己不想做的事情,所以為了滿足自己的欲望,孩子就會故意地哭。

孩子的語言表達能力不夠

這個情況可以分為兩種:一種是家長或者帶孩子的人對孩子照顧得太過周到了,從小孩子不用說話,只是用哼叫或者用哭、指的方式,大人就知道他想要什麼,立刻幫他拿過來。家長覺得這是對孩子的照顧,殊不知在某種程度上是害了孩子。由於不需要說話就能得到自己想要的東西,孩子的語言表達能力無法獲得成長,於是他們就會用哭的方式來表達。

另一種情況是孩子內心覺得委屈、難受、生氣,但是他們無法用言語表達出來,無法向父母說明,所以經常用哭來表現自己的情感。

父母的態度太過嚴厲

有的父母性格比較強勢,對孩子的教育很嚴厲,遇到一點小事,就會對孩子疾言厲色,嚇壞了孩子,孩子會下意識地哭泣以博取同情。在獲得別人的心疼之後,他們就會在下次被嚴厲對待的時候不自覺地以哭泣示弱,久而久之就變成了愛哭的「小媳婦」模樣。

常常被父母忽略

在日常生活中父母有很多事情需要處理，有時候連孩子的基本需求都不能滿足。比如父母不能經常陪伴在孩子身邊，或者父母總是要忙著照顧老人，或者忙自己的事情。在這種情況下，孩子被愛的感覺、安全感等得不到滿足，他們就會顯得焦慮不安，經常表現出愛哭或者是不快樂的表情。

孩子天生多愁善感

用天生的氣質來形容，就是情緒本質偏向負面的孩子。這類孩子在遭受到不如意的事情的時候，通常會用較為負面的行為動作來表達自己的不滿，比如哭鬧、發脾氣等。這是他們天生的個性傾向，但是家長不太了解，很容易和孩子產生衝突，認為孩子是故意的，以至於對孩子進行訓斥、吼叫，使得家長和孩子之間經常鬧得不愉快，無法心平氣和地與孩子交流和教育孩子。

孩子雖然年齡比較小，但是他們的情緒和成年人一樣複雜，所以父母千萬不能忽視他們哭泣背後的千萬種動因。

在我們的生活中，和人際交往法則一樣，當我們遇到對方的情緒起伏較大的時候，我們一般最先要做的就是幫助對方調整情緒，然後再解決問題。

對待孩子哭的問題也是一樣，當孩子哭時，家長難免會變

第三章　破解成長密碼：正視孩子的行為問題

得煩躁，一煩躁就很容易將注意力全部集中在自我感覺上面，進而就很難和孩子平和地溝通，就更別提嘗試去理解孩子了。孩子會因為感受不到父母的理解，而進一步壓抑自己的情感表達，最終導致更嚴重的問題。

因此家長需要正確地意識到，孩子的哭並非無理取鬧。哭在某種程度上是他們向家長請求幫助的信號。共情能力的核心是同理心，家長需要站在孩子的角度來看待哭的問題，幫助孩子走出這個困境，讓他們慢慢了解和認知自己的情緒，學會如何處理情緒，而不是總是以哭的方式進行表達。

那麼家長要怎麼樣做才能減少孩子哭的情況，讓孩子覺得自己真的被理解和尊重了呢？

不要因為孩子小而忽略他們的感受

在和孩子相處的過程中，家長不要因為孩子年紀小就忽略孩子的感受和想法，尤其是當孩子和父母出現不同意見的時候。這個時候孩子因為年齡小，語言表達能力還未成熟，自己的想法很難用口頭完全表達出來，面對不同的意見，孩子往往著急不知道該怎麼樣表達，如果父母的態度更強硬一些，孩子沒辦法或者沒機會表達自己的觀點，就會用哭鬧來表示反抗。因此在平時的交流中，父母要適時地和孩子進行溝通，慎重對待孩子的看法，不要忽略他們的感受，引導他們慢慢來，一點一點說清楚自己的看法和理由。

放慢生活的節奏，耐心傾聽來自孩子的聲音，尊重孩子

在現代快節奏的生活中，我們總覺得時間來不及了、這樣不方便、這樣不好、沒必要這樣，不由自主地將自己的看法強加給了孩子，其實真的沒必要讓孩子也這麼早地陷入這種焦慮之中，家長更需要放慢節奏，包括說話的節奏和生活的節奏，學會耐心傾聽孩子的想法，讓孩子感受到自己還有機會去表達不同意見，慢慢地，孩子在闡述自己的意見的時候就會變得更加從容和自信了。當面對孩子說得有道理的時候，父母不要擺出家長的威嚴強迫孩子接受自己的觀點和看法，而是要尊重孩子。

反覆引導鼓勵孩子說出理由，親子關係更融洽

父母要多鼓勵和引導孩子說出理由，反覆嘗試，多給孩子一些時間，多給孩子一些機會，這樣孩子才能學會慢慢體會運用，在有過一兩次成功的經驗後，孩子的意識會得到強化，明白有不同意見要說明理由，哭並不能解決問題，以後在生活中也會慢慢明白如何去應對了。這樣能讓孩子更加地信任爸爸媽媽，培養孩子獨立思考的能力。

3歲的可可就經常會在和爸爸媽媽有不同意見的時候非常著急地說出自己的觀點，但是越著急越說不清楚，最後急得直哭。每當這個時候，可可的爸爸媽媽就會開始引導她：「別著急，慢慢說，光是哭是沒有用的，只是哭別人也不會知道妳的

第三章　破解成長密碼：正視孩子的行為問題

意見是什麼，每個人的想法都不一樣，如果別人不同意妳的意見，妳就要想辦法說服別人，或者說明白妳的理由。」

孩子的哭是在沒有找到更好的情緒表達方法時不由自主的選擇，家長要慢慢給予他們時間，陪伴他們進步，而不是強硬地干涉，這樣才能使親子關係更加融洽。

專橫與暴力：如何引導孩子的力量感

「我們家果果2歲多的時候，在上早期教育啟蒙課程時會忽然抬手拍身邊小朋友的臉，而且周圍一旦有什麼惹到她，她就會立刻反擊。之前有一個小朋友走路經過不小心撞到了她，她的小巴掌立刻就揮了過去，第一次沒打到，還要找機會打第二次，讓人很擔心，怎麼孩子會變成這樣呢？」

「我的兒子航航性格急，別人說了他不愛聽的話，他就會暴跳如雷，有時候甚至會動手打人。我罵也罵了，說也說了，怎麼管教也不行。這樣時間一長，都沒有小朋友願意和他玩了。看著孩子一個人孤零零的，我心裡也很難受。」

其實孩子愛打人的習慣並不是一天養成的，這個壞習慣在童年已經可以引起孩子間人際關係的緊張了，甚至往後繼續發展的話，會形成嚴重的社交障礙。打人只是孩子攻擊性行為的一種，其他可能引發孩子社交障礙的攻擊性行為還包括語言攻擊和關係攻擊，比如辱罵、嘲笑、大聲喊叫、替別人取外號、

挑撥他人關係、背後說別人壞話,等等。如果這些攻擊性行為不能在早期出現時就及時被遏制,可能會嚴重影響孩子的未來。

心理學家韋斯特曾經做過一個長達 14 年的追蹤研究,研究結果顯示,70%的暴力少年犯在 13 歲時就被確認為有攻擊性行為,並且孩子的攻擊性程度越高,今後犯罪的可能性越大。另一項研究結果顯示,不管是男孩子還是女孩子,如果在 10 歲左右非常喜歡發脾氣,那麼他們長大後大多數和同事的關係都會非常緊張。

由此我們可以得出結論,攻擊性並不是某一個年齡層特有的表現,它具有持續性,這種攻擊性一般在童年時期就會顯現出來了,成為今後各種行為問題的前兆。

那麼這種攻擊性行為影響這麼嚴重,是不是孩子所有的攻擊性行為都需要被制止呢?

不一定,需要根據具體的情況進行分析。在經過很多專家的研究之後,我們了解到攻擊性行為會隨著年齡的增長而發生變化。在攻擊性行為的類型上,在幼兒期的孩子表現得更多的是工具性的攻擊行為,年紀比較大的孩子表現得更多是敵意性攻擊。

那麼,什麼是工具性攻擊和敵意性攻擊呢?工具性攻擊就是指兒童為了爭奪物體、領地或者權力之類的東西進而發生衝突時發出的攻擊性行為。孩子只是為了能得到自己想要的東西,或者保護屬於自己的東西,他攻擊的本意並不是想要傷害別人,但

第三章　破解成長密碼：正視孩子的行為問題

是卻不小心真的傷害到了別人。舉個例子，在幼兒園裡，小朋友有時候會去搶奪另一個小朋友的玩具，他的目的是為了得到玩具，而攻擊只是獲取玩具的手段。

敵意性攻擊則與之相反，敵意性攻擊的目的是傷害別人，孩子使用敵意性攻擊，透過傷害別人的身體或者心理得到滿足感。舉個例子，還是針對玩具的搶奪問題，如果小朋友搶奪這個玩具的意圖不是為了擁有、獲得，而只是為了讓別的小朋友哭的話，那麼很有可能在那之前，他認為自己是被欺負了，所以才動手的。

所以如果孩子還處在年幼的階段，一些暴力的手段，家長完全可以不必如臨大敵，但如果孩子已經到了3歲以上還是十分熱衷於打架，那麼家長就需要重視了。如果不加以重視，家長還以孩子年紀小、沒有惡意為理由不替孩子立規矩、及時糾正的話，那麼孩子到了一定年齡，這種攻擊性行為越來越嚴重的時候，就會造成不良的影響，甚至影響孩子的社交。

面對這種情況，家長要怎麼做才能減少孩子的暴力行為呢？首先，要探究孩子打人的原因，從根本上消除打人動機。對於孩子打人的問題，家長一定不能一開始就不分青紅皂白地指責，大聲責罵，甚至是動手教育他們。一般孩子的暴力行為，幾乎都帶有明顯的意圖，不管是因為想要獲得玩具進行搶奪，還是對其他人進行惡意的攻擊，都希望家長不要著急，先問一下孩子打人的原因，明明解決問題的方法有很多，為什麼一定要採取

暴力的方式呢？得到孩子的回覆後，家長再進行判斷，看看怎樣教育孩子比較好。

其次，對孩子進行移情訓練，培養利社會行為。科學調查發現，很多習慣霸凌甚至少年犯罪的孩子，對於別人情緒的共情能力很差，他們感受不到被他們欺負的孩子的痛苦，或者對於這種痛苦視而不見，這是從小欠缺最基礎的移情教育的表現。面對這種情況，家長要讓孩子從小就能理解到，如果做不好的事情就會使周圍的人身體痛，家長會生氣、難過、失望，家長要將這些情緒表現出來，讓孩子感受到。

還可以去買一些與情緒相關的卡片，和孩子一起觀察，難過的人、生氣的人會是什麼樣的表情，這樣不但可以激發孩子的同理心，還可以訓練孩子對於情感情緒的反應能力。比如家長可以和孩子進行角色扮演，讓孩子扮演被欺負的小朋友或者膽小的小動物，體會一下他們的情緒，這樣可以很好地讓孩子學會換位思考，下一次動手之前想到角色扮演時的感受，就不會輕易動手打人了。

再次，建立良好的家庭環境，家長自己應該做好榜樣。有句老話叫作「身教大於言傳」，因此在孩子的暴力性行為這方面，家長每天說一百遍都不為過。家長身為孩子的啟蒙老師，孩子在對這個世界還沒有完全了解的時候，經常會下意識地模仿和學習家長的行為，所以夫妻之間要發揮模範帶頭作用，互敬互愛，不要因為一點小事情就吵得不可開交，發生劇烈的衝突，

第三章　破解成長密碼：正視孩子的行為問題

尤其是當著孩子的面，即便是有矛盾，也不要言語相向，相互指責、相互攻擊，更不要動手打架。否則看在孩子的眼中，孩子就很有可能效仿，發展成為暴力人格。

同時，家長還要盡量杜絕「絕對權威型」父母和「打罵教育」的家庭教育方式，營造一個良好的家庭環境，讓孩子遠離暴力的影視作品，形成良好的性格習慣。

最後，對孩子進行引導，減少人際衝突，不要替孩子貼標籤。當孩子出現因為一些暴力行為而導致的人際關係的衝突時，家長可以教孩子如何建立良好的人際關係。比如教會他們怎樣道歉、學會分享、怎樣表達關心、如何融入集體中、如何躲避攻擊。有時候並不用一次教太多，只需要教他一點話語、一個方法，讓孩子在角色扮演中學習，然後再用到實際的生活中去。

除此之外，當孩子頻繁出現敵意性的攻擊性行為時，家長不要急於替孩子盲目地貼上標籤，如「你愛打人，所以你是壞孩子」、「你這麼專橫，以後沒人會喜歡你」等，這些標籤不知不覺間就會強化孩子對自己的認知，對孩子的人格發展會產生嚴重的影響，需要家長們重視。

美國一位兒童問題諮商師曾說過：「最需要愛的孩子，往往會透過最不可愛的方式來討要愛。」因此希望家長能夠多向孩子表達愛，多付出一些時間陪伴孩子，畢竟窮養也好、富養也罷，都不如陪著孩子慢慢長大，「慢養」孩子。

情緒失控：面對尖叫和吵鬧的對應技巧

敏敏已經 2 歲了，媽媽在平時的生活中總是會發現敏敏有時候會大聲尖叫，嚇出她一身冷汗，甚至有時候會故意地吵鬧，情緒上來了，需要她哄好久才能回復。

「在家裡還好，但是一到公共場合，敏敏還總是尖叫、吵鬧，影響到周圍的人，有時候看著周圍人的眼神，我覺得尷尬極了。而且老師還反映，敏敏在幼兒園的時候，有時候沒有得到自己想要的玩具也會吵鬧、尖叫，甚至和別的同學互相比賽，看誰叫得聲音大。」

很多家長隨著孩子年齡的增長，逐漸發現，孩子經常會大聲尖叫、不停地吵鬧，真是讓他們頭痛。其實孩子的尖叫有很多種，高興的時候、反抗的時候、憤怒的時候、模仿別人的時候、寂寞的時候孩子都會尖叫。孩子為什麼會尖叫呢？這個問題讓很多家長百思不得其解。

原來孩子無緣無故尖叫並沒有什麼別有用心的動機，他們的聽覺和聲帶都處於發育時期，當他們發現自己能夠控制聲帶、製造出聲音之後，他們就會從中獲得巨大的成就感，同時在這個階段，孩子喜歡聽各種奇怪的聲音，並且不能理解這些聲音對成人造成的極大困擾。除此之外，孩子還可能是想透過尖叫、吵鬧等來吸引家長的注意力。那麼如果想要孩子從尖叫、吵鬧中平靜下來，家長該怎麼做呢？

第三章　破解成長密碼：正視孩子的行為問題

盡量用柔和的語氣和孩子對話

當孩子怎麼都不願意停止尖叫時，家長要盡可能地用一種非常柔和的語調和他對話，在交流的過程中，家長只需要告訴孩子，他的尖叫聲讓你感覺到非常不舒服，用溫柔輕緩的聲音讓孩子漸漸冷靜下來，讓他跟著照做，孩子慢慢就會意識到溫柔的聲音才是自己最需要獲得的東西，這樣就會漸漸減少尖叫與吵鬧了。

了解孩子的感受，轉移注意力

孩子尖叫吵鬧的原因有很多，或許直接去問問他們為什麼想要尖叫是最快的解決辦法。家長了解了孩子的感受之後，認可他們的情緒，並描述出他們的感受，和他們好好商量，在一定程度上可以緩解孩子的情緒。或者家長還可以利用孩子的注意力短暫這一點，用玩具、零食和其他的東西分散他的注意力，將他們從不好的情緒狀態中轉移出來。

多和孩子一起玩

如果所處的地方合適，家長也可以嘗試加入孩子的「尖叫遊戲」，一起尖叫之後過渡到另一個遊戲。但如果是在公共場合，還是盡量選擇一種比較安靜的遊戲去進行。

情緒失控：面對尖叫和吵鬧的對應技巧

對孩子的良好行為進行獎勵

當孩子聽從你的引導建議，停止尖叫、吵鬧，或者安安靜靜地度過了整個外出時間，對於孩子這種表現良好的行為，家長可以適當地對他進行一些獎勵，比如讓孩子選擇他們喜歡的冰淇淋作為下午的甜點，或者買一個他們期待很久的小玩具等，不要僅僅做出一些空洞的承諾，讓孩子感受到這樣做的好處，可以更好地引導和教育孩子。

說了這麼多，其實我們可以把孩子的尖叫問題、吵鬧問題等都歸結於孩子的情緒出了問題。情緒是自然的體驗和感受，但人並非天生就能分辨出自己所有的情緒，尤其是對於還無法表達清楚自己是什麼感受的小朋友而言，在出現負面情緒的時候，他們通常只會翻來覆去地說「不開心、不高興、難受」，在他們簡單的世界裡好像就只有開心和不開心兩種情緒。會出現這種問題的原因還是在於平時沒有人教過孩子如何分辨自己的情緒。

教孩子了解情緒，可以大致朝兩個方向去進行：一是拓寬廣度。在平時的生活中，家長可以多留意身邊的事情，和孩子聊一些關於情緒的話題，比如可以嘗試用不同的詞語向孩子描述自己以及孩子的情緒，像是「我們一家人去吃了大餐，我們好幸福」「今天工作上被上司責罵了，媽媽很煩躁」等。還可以在為孩子講故事的時候，對於故事中人物的情緒進行些許的描

第三章 破解成長密碼：正視孩子的行為問題

述，不要以「開心、高興、難過」這類詞籠統地概括。二是加強深度。家長還可以幫助孩子加強對某一種情緒的理解，比如買一些針對某些情緒的繪本給孩子，也可以針對孩子現實生活中發生的問題進行深入的探討和理解，幫助孩子了解情緒。比如當孩子和朋友吵架，讓孩子口述發生的情況，家長可以為他們分析這裡面包含的生氣、受傷、焦慮等情緒。

當孩子出現情緒的時候，家長要盡量平和地接納他們的情緒，這樣孩子就會接收到一個資訊，那就是「有情緒是正常的，我可以坦然地面對它」，孩子從家長這裡學會了接納自己的情緒，以後遇到情緒問題，就會積極地去應對。如果孩子的情緒總是不被接納，總是在壓抑自己的情緒，那麼久而久之就會出現問題。在孩子學會接納情緒的基礎上，家長再進一步地幫助孩子處理情緒行為等就會事半功倍了。

其實情緒的表達也是需要學習的，很多孩子情緒激動的時候只會哭鬧、尖叫，並不能很好地表達出自己的情緒。一般的情緒表達可以用語言來表達，尤其是想要抱怨的時候，家長可以對孩子描述一下自己對於孩子的某種做法的情緒，然後加上自己希望孩子可以怎麼做。這點需要家長先做到，然後再指導孩子這樣做。舉個例子：

天天平時放學之後六點之前就回到家了，但是今天不小心和同學玩瘋了，直到七點多才回家。爸爸對他很生氣，於是這樣說：「你比平時晚了一個小時回家，我完全不知道你這一個小

時去哪裡了,非常擔心你。現在看到你平安回來了,我才放下心來,但是看到你這麼晚回來,我又有些生氣。我希望你以後玩也要有個限度,如果會晚回來,應該和家裡人提前說一聲。」天天感受到爸爸對他的擔憂,立刻表示以後不會再這樣了。

用語言來表達情緒其實更適用於語言和思維發展已經比較完善的大孩子和大人,對於年紀還比較小的孩子而言,表達情緒需要更多非語言的方式,比如透過畫畫、用玩偶講故事、玩遊戲等方式來發洩他們的情緒。

情緒是非常正常、非常自然的人類體驗和感受,無論什麼樣的情緒都有其存在的意義,只有不恰當的處理方式才會對人造成傷害。越早學會接納自身情緒的孩子,對自己的情緒察覺力越高,越容易管理自己的情緒,因此家長應從小就教會孩子怎樣了解、接納和表達情緒,這樣孩子才不會被情緒帶著走,才能成長得更陽光、更自信。

害羞與社交:助孩子克服自卑,勇敢表達

「我家孩子在家的時候非常活潑開朗,但是家裡一來客人,或者是帶著他出去見到陌生人,他就會先看看那個人,雖然也會笑,但是總是偷偷地笑,把頭埋在我的懷裡,然後再去看客人,再接著笑,如此反覆,手也是緊緊抓著我的肩膀,有時候甚至就躲在我身後,也不怎麼愛說話,這是怎麼一回事?」

第三章　破解成長密碼：正視孩子的行為問題

　　上面案例中的孩子，其實就是一種害羞的表現。有的孩子看到陌生人會變得害羞，甚至不好意思，無法和別人對視，所以就下意識地躲在媽媽的懷裡。這種行為在大多數的媽媽眼中就是不主動、不積極，因此媽媽會很著急地想讓孩子去打招呼、去社交。

　　那麼害羞是一件不好的事情嗎？答案當然是否定的，害羞本身是一種中性的行為，無所謂好與壞，只不過害羞的背後所反映出的孩子心理問題，是值得父母思考的。

　　害羞是人內心中的一種不安的情緒，是內心缺乏安全感的表現。從積極的方面來看，害羞是孩子進行自我保護的一種選擇。在陌生環境中，孩子不熟悉周邊的人或事物，所以不開口表達自己的觀點和看法，注意觀察四周。

　　這樣的孩子一般做事情認真又仔細，更加善於傾聽，對於情緒的察覺力比較高，對別人有更多的同理心和包容力。因此害羞不是一件不好的事情，而是一種特質和能力。

　　害羞又分為兩種，一種是擁有健康自我價值的害羞孩子，他們會跟他人有目光的交流，只是不善表達。另一種是個性思想比較深刻和謹慎的，主要體現在對待陌生人時的慢熱，這類孩子一般會隨時觀察這個陌生人是否值得交往，花時間觀察對方是他們自我保護的一種方式。身為家長，面對外界質疑孩子的時候，應當堅定地站在孩子的立場上，理解他們的恐懼和困難，更積極地去保護孩子，緩解孩子心中的恐懼，多鼓勵孩

子，幫助孩子適應環境，讓他重新變回活潑開朗的樣子，而不是站在孩子的對立面去挑剔他們的毛病。

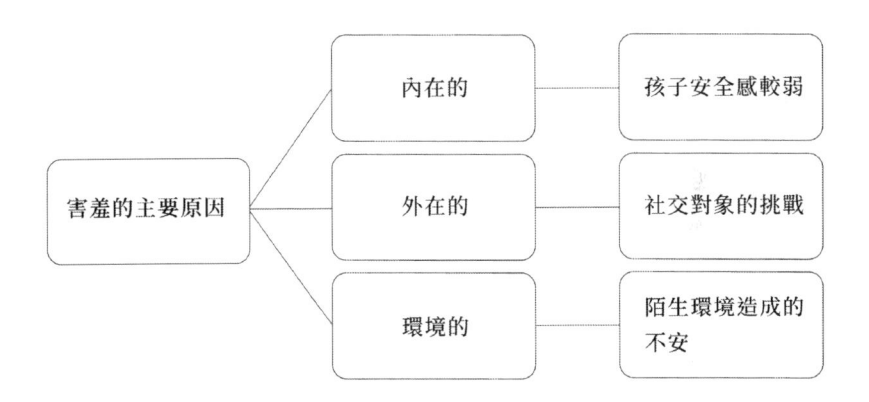

```
                    ┌── 內在的 ──── 孩子安全感較弱
害羞的主要原因 ──────┼── 外在的 ──── 社交對象的挑戰
                    └── 環境的 ──── 陌生環境造成的不安
```

但是從另一個方面看，害羞雖然是一種正常的生理現象，但在現實中害羞並不被讚美，並且害羞的人在社會中常常處於不利地位。

美國的心理健康研究中心此前發表過一份涉及 1 萬名年齡在 13 歲到 18 歲青少年的研究報告，報告中顯示，有將近半數的孩子表示自己生性害羞。即便是這樣常見的一種性格，但是在學校和社會中通常沒有人會讚美，並且一般性格害羞、上課不喜歡舉手、不喜歡社交的孩子通常在社會中更容易處於不利地位，容易在學校和各種場合中受到忽視。

雖然在陌生環境保護孩子的害羞是家長很應該做的一件事情，但是研究者反對過度保護，畢竟孩子未來要在社會中生存，還是非常需要進行交流和表達的，如果孩子過分害羞，很有可能

會影響孩子的正常生活、學習和社交,甚至會影響孩子未來的發展。

那麼,害羞有哪些危害呢?

害羞容易使孩子自卑

本身比較害羞的孩子通常自信心比較缺乏,總會對自己持一種否定的態度。他們總認為自己長相一般,能力一般,或者是沒有魅力,不善於表達等,對自己的評價很低,面對挫折或者受到別人嘲笑的時候,他們會更容易被負面情緒掌控,同時自卑心理會越發嚴重,長此以往就會變得更加內向,形成不良的後果。

害羞影響孩子社交

害羞會直接影響孩子和他人的相處,因為害羞的孩子大多比較慢熱,在別人的眼中很有可能留下沉悶無趣的印象,不太受別人歡迎,甚至會對他們產生迴避,在無形中與他們保持距離。原本害羞內向的孩子就不善於表達,不願意與別人交流,被別人這樣對待之後,孩子的孤獨感就會更加強烈,就更不想和別人交流了,長此以往形成惡性循環,使得害羞的孩子很難快速地融入同齡人的圈子當中。

害羞影響孩子語言等認知能力的發展

　　害羞的孩子不願意和別人交往，說話的時間比別人少很多，久而久之，會影響到孩子們的語言能力和情緒發展認知。導致孩子害羞的原因有很多，可能是由孩子天生的性格決定的，也可能是由於孩子曾經遭遇過很尷尬的事情、遇到過挫折導致的，又或者是因為孩子不自信，對於事情沒有成功的體驗，或者是缺少方法和技巧，不知道該怎麼去做這件事，等等，這些事情都會導致孩子形成害羞的性格。

　　所以面對孩子這種害羞，家長要反思自己的言行，在保護他們的同時學會引導孩子告別害羞，大方起來。

不要隨便替孩子貼上害羞的標籤

　　星星週末和媽媽去朋友家串門子，阿姨很友善地和星星打招呼，可是他躲在媽媽的身後不出聲，媽媽又急又無奈，只能開口解釋：「他很害羞，不好意思說話。」當阿姨招呼星星吃點心的時候，星星也不出聲，緊緊地挨著媽媽的手臂，媽媽就只好說：「他太害羞了，別管他，等一下他想吃就會去拿了。」

　　其實當著孩子的面說他害羞是一件非常不妥當的事情，因為這樣隨意地替孩子貼上害羞的標籤，會使孩子就真的覺得自己就是這樣的，並且認定這個標籤之後，即使他想走出第一步，也會下意識地膽怯，不敢走向別人，面對不喜歡的人或不擅長

的事，也會用害羞作為藉口逃避。因此在孩子有害羞行為的時候，家長最好不要直接說孩子害羞，而是要繼續和客人談話，並給孩子足夠的時間和信心，告訴他「準備好再加入我們」。

有時候家長知道孩子害羞就一直縱容他們，這樣是不對的，家長應當和孩子進行溝通，鼓勵他們開口說話，並告訴他們，別人和他們說話，但是他們不搭理別人是不對的、不禮貌的，如果可以最好告訴別人不想說話的理由。在把道理講明白之後，可能孩子就不會再那麼恐懼和別人說話了，慢慢習慣主動說話，就不會再害羞，變得大方起來。

多帶孩子外出社交

有的孩子從小被長輩帶大，由於身體和精力的原因，長輩很少帶孩子四處玩，父母忙於工作，於是孩子就經常在家中或者社區裡面待著，缺少社會活動，這在一定程度上也會導致孩子的內向和害羞。為了解決這個問題，需要家長多關注孩子的生活，多帶孩子出去走走，去一些可以放鬆身心的地方，讓孩子多接觸新的環境和人，開闊眼界、增長見識，最好讓孩子多和熟悉的同齡人接觸，選擇外出的地點應該盡量由近及遠，這樣既能消除陌生感，又能增強孩子的社交能力。

鼓勵孩子大膽交流

孩子害羞、不願與別人交流,家長要及時鼓勵孩子勇敢地邁出第一步。

當孩子開始嘗試進行交流的時候,即便面對孩子只有一點點進步,家長也要進行表揚,肯定他的做法,這樣會給孩子信心。同時家長還要注意孩子的自尊心,要避免在孩子面前表揚其他性格開朗愛交際的孩子,因為這可能會加重孩子的害羞心理,雖然有的家長認為這樣會鼓勵孩子,但是效果完全相反。

害羞並不是孩子的錯,是天性所致,家長要多給孩子一些時間,慢慢引導,給予他們更多的愛,幫助他們活潑開朗起來,變得更加陽光!

怯懦的內心:正確對待孩子的內疚與膽怯

「我兒子亞亞馬上4歲半了,他在家很活潑,但是一到了外面就有點畏縮,看到陌生人會躲在我的身後,說話聲音小得就像蚊子,他說一遍我還要向朋友複述一遍,他已經快5歲了,又是男孩子,這麼靦腆,現在社會競爭又這麼激烈,以後怎麼在社會上立足啊?」

「我女兒媛媛今年3歲,前幾天朋友約我一起遛小孩,想到他們的孩子也都是三四歲,我就同意了,覺得也能替孩子找個

第三章　破解成長密碼：正視孩子的行為問題

玩伴，可誰知道，整整一天女兒都和我黏在一起，怎麼推都推不出去，看著別人家孩子一起唱唱跳跳的，我真是又尷尬又著急。」

類似於上面的情況，現實生活中並不少見，每個孩子生來都帶有自己的性格特質，有的孩子外向，有的孩子內向靦腆。內向和外向並沒有絕對的好壞之分，我們所謂的壞，不過是身為父母過分焦慮的結果。

面對孩子的膽怯，父母常常焦慮不已，我們總希望孩子可以變得膽大一些。因為身為父母我們又總是習慣性地關注孩子某一階段表現出的狀態，當狀態欠佳或者達不到我們的預期時，我們又會習慣性地將未來朝著壞的方向設想，但很少有人會花過多的時間來反思自己及在教養方式上存在的問題。

心理學家表示，孩子膽怯可能是由於兩方面的原因：一方面是先天因素的影響，有些孩子生性內向，他們的氣質類型屬於黏液質、憂鬱質類型，這類孩子往往表現得較為膽怯。另一方面則是由於教育不當引起的，也就是父母可能存在的教養謬誤，這裡將從以下幾個方面來詳細闡述。

父母過於嚴苛，常當眾訓斥或責難孩子。大多數父母在面對孩子膽怯問題的時候，並不能正確客觀地來看待孩子的個性特質，也就是說在傳統觀念中，父母常會認為膽怯是不好的。因而很多父母或者老師會以簡單粗暴的方式來對待孩子的膽怯，並且還對這種方式冠以「鼓勵」和「為他好」的說法。

怯懦的內心：正確對待孩子的內疚與膽怯

5歲的妙妙學畫畫一年多了，他們的課程設定較為有意思的一點是：每堂課結束的時候，都會留給小朋友們分享自己作品的機會。可是妙妙每次都畏畏縮縮地躲在媽媽身後，直到所有小朋友都分享完了，她才怯怯地走到臺上分享自己的畫作，聲音小到即使你「豎起耳朵」也可能聽不清。

這時候，媽媽就會「提醒」：「妙妙，聲音大一點！」妙妙看一眼媽媽，然而並沒有任何改變，分享結束後，媽媽還會追加幾句：「妳這孩子怎麼回事啊？妳看人家別的小朋友誰像妳一樣，說話那麼小聲，大家能聽到嗎？怎麼越大越膽小了呢？」

隨意替孩子貼上膽小的標籤

美國心理學家貝柯爾說：「人們一旦被貼上某種標籤，那麼他就極有可能成為標籤所定義的人。」對於孩子來說又何嘗不是呢？當一個孩子沒有做好準備，不想上臺表演時，父母會竭盡全力地勸說，勸說未果之後，父母可能還會加上一句「這有什麼可怕的，這麼沒出息，真是上不了臺面」；當家中來了客人，孩子不想打招呼時，父母又會說「這孩子就是膽小，也不知道像誰」。

事實上，膽怯只是一種正常的情緒反應，對於成年人來說膽怯較不那麼常見，只不過孩子那麼直率、坦誠，不像我們一樣善於偽裝和掩飾罷了。以成人的衡量標準來評判孩子的行為對他們來說是不公平的，而且長此以往，孩子更會喪失社交自信。

第三章　破解成長密碼：正視孩子的行為問題

重重設限，過多干涉孩子的成長

華人父母教養孩子的最大弊端之一就是「因噎廢食」，當父母意識到某一件事對於孩子來說是存在危險的，父母就會禁止孩子去做這件事，或者父母會幫助孩子去完成。其實，完美孩子只是一個神話而已，身為家長不應該強求孩子成為理想中的樣子。

有研究顯示，當孩子努力地想要獲得某種能力感或歸屬感時，他們將承受一種無形的卻足夠強大的壓力。如果父母一味地想要孩子成為一個與他自身並不相同的人，那麼非但無益於緩解這種壓力，反而會加劇其摧毀力。

所以，有智慧的父母會選擇理解並接受孩子的膽怯。當然接受並不意味著「好吧，我的孩子就是這樣，隨他去吧」，而是在接受的基礎上選擇正確的方式幫助孩子。那麼什麼是正確的方式呢？下面將引入艾瑞克森心理發展理論進行討論。

艾瑞克森（E.H.Erikson）是美國著名心理學家，他認為孩子成長過程中的每個階段都將面臨不同的心理發展危機，如下表：

階段	危機	教養任務	品格
嬰兒期（0~1.5歲）	信任與不信任	滿足其基本生理需求，給予孩子安全感和信任感	希望

階段	危機	教養任務	品格
幼兒期 (1.5~3歲)	自主感與羞恥感	第一反抗期,讓孩子在自主探索中收穫勇氣,更要適度立規矩	自我控制、意志力
學齡前 (3~6歲)	內疚感與主動感	克服內疚,獲得主動感	目的、追求目標
學齡期 (6~12歲)	自卑感與勤奮感	發展孩子學習能力	自我效能感、能力

艾瑞克森心理社會發展階段理論

調查表明,人在一生中的任何階段都可能會出現因為膽怯而退縮的行為,而0～6歲尤為突出,這也意味著倘若一個孩子在其0～6歲時沒能平穩度過其心理發展危機,那麼其成年後將面臨更多的問題。

而此時,孩子膽怯的源頭大多來自內疚感,因而如何幫助孩子克服內疚感、獲得主動感對於塑造其自信大方的性格就顯得尤為重要了。

第一步,內疚不同於羞愧,父母應學會辨識孩子的內疚感,從下表中,讀者或許能夠找到內疚感的類別。

第三章　破解成長密碼：正視孩子的行為問題

	來源	個體感受	行為指向	特點
內疚	自我，在知道某項規則或紀律的前提下，做錯事，意識到行為後果	自我怪罪	向內，指向自我，或自殘行為	隱藏性
羞愧	他人，在個體做錯事或失敗後，由他人的嘲笑和貶低導致	無能感、自卑感、憤怒感	向外，將憤怒的情緒或行為指向他人	外顯性

第二步，引導孩子克服內疚感。

身為父母，當意識到孩子心中的內疚感時，首先應該明白，這是孩子在對自己所犯的錯誤做自我歸因，他們正試圖為自己的行為負責，所以在一定程度上而言，適度的內疚感對於培養孩子的責任感是有益的。然而，對於成長中的孩子來說，他們分析問題、處理問題和內心的承受能力都尚未發展完全，所以當孩子陷入內疚感時，就需要父母的積極介入和引導。

給予愛和支持

當孩子承受錯誤和失敗時，來自父母的愛和支持對他們來說則意味著雪中送炭般溫暖，亦能夠幫助他們脆弱的內心變得堅強，同時更加理性地去認知錯誤的行為和失敗事件。

對事不對人

一個原則——對事不對人，任何時候，不要讓孩子覺得他們犯了錯誤，就是他們能力有問題，或者他們失敗了，就會失去爸爸媽媽的愛。父母在幫助心有內疚的孩子時，應注意引導其加強對自身能力的認知。比如，當哥哥為了幫助弟弟拿玩具，不小心打破了桌上的水杯時，父母首先應肯定其動機（幫助弟弟是有愛的表現），然後可以這樣問：「拿水杯對你來說並不是難事，你覺得是什麼影響了你的發揮？你覺得下次怎樣做會更好一點？」

從失敗中進步

內疚的產生是孩子在對自己的過錯進行自我反思，事實上，他們正試圖想辦法挽回或改正自己的過錯，此時，父母和老師正確地引導，幫助其分析錯誤或失敗的原因，總結經驗教訓，引導其透過較為正向的方式對錯誤行為進行彌補，而不是自我傷害。這對其良好道德品格和責任心的發展將是十分有益的。

所謂「慢養」，就是對待孩子成長過程中的問題，父母不要想著一蹴而就解決問題，而要盡量多花時間來研究問題，當然這可能需要花費一定的時間，但這能夠幫助父母在與孩子獨特的性情相處時，找到一條理想的道路。若干年後父母就會發現，無論是孩子還是自己都將受益匪淺。

第三章　破解成長密碼：正視孩子的行為問題

面對說謊：從想像與現實中找到平衡

「我家小櫻桃最近很喜歡說謊，有時候明明沒有同意她看卡通片，但是她卻自己和爺爺奶奶說我同意了，好幾次都被我抓到了。就像是《狼來了》裡面的小男孩一樣，雖然說愛說謊的孩子不是好孩子，但是如果每次我都當著孩子的面揭穿她，我又擔心她覺得自己的『面子』和自尊心受到了傷害。但是不揭穿她，我又擔心以後孩子說謊上癮，該怎麼辦才好呢？」

很多家長都遇見過這種情況，當第一次發現自己的孩子說謊時，家長就會有各式各樣的擔心，擔心他們學壞，擔心說謊會為孩子的未來帶來不好的影響。「我的教育全白費了，他竟然學會了撒謊！」「他這麼小居然就學會撒謊了，以後可怎麼辦？」種種的擔心讓家長陷入了恐慌中。通常家長認為撒謊是壞孩子的「專利」，但是其實說謊並不能代表孩子的好壞，家長不能單純地以說謊這件事對孩子的好壞進行界定。孩子說謊是一種本能，家長應該正確看待孩子的說謊行為。

從心理因素上來說，孩子說謊可以被分為無意說謊和有意說謊兩種。無意說謊一般發生在孩子的想像發展時期，這個時期的孩子對未來的事物產生了一種不自覺的幻想，有時甚至會把幻想當成現實，把某種事物誇張到不真實的程度。

週末媽媽帶著嘟嘟到動物園玩，他們一起看了老虎、獅子、大象、長頸鹿等好多動物，看得嘟嘟眼花撩亂的。

面對說謊：從想像與現實中找到平衡

「媽媽，為什麼動物和我們長得不一樣？為什麼孔雀的尾巴會開屏？如果猴子和孫悟空一樣，那牠一個筋斗雲就能帶我回家了。」

坐在回程的車上，嘟嘟興奮地想像著動物園裡的猴子變成孫悟空，對他招招手，緊接著一個跟斗，就帶他到了家門口。

等到他回到家裡，看到下班回家的爸爸，嘟嘟連忙笑嘻嘻地告訴爸爸：「爸爸，今天是孫悟空帶我回來的。」

「啊？不是媽媽帶你回來的嗎？」爸爸愣住了，後來聽媽媽一解釋才明白，原來嘟嘟將自己的幻想當成了現實，無意識地說了一個謊。

有時孩子的記憶並不是很精確，尤其對於抽象概念，比如時間、空間、方位等往往容易產生混淆，甚至會把將來當作過去。

一個小朋友就曾經在幼兒園和老師說：「老師，我媽媽明天就要帶我回鄉下了。」下午放學的時候，老師問起孩子的父母時發現，根本就沒有這麼一回事，父母只是對孩子說等放了暑假會帶他回鄉下看看，並沒有說明天要出發。這就是因為孩子記憶出現了偏差錯位導致的說謊行為。

孩子的有意說謊，往往是因為大人的一些不當行為，使得孩子有了說謊的行為。

孩子在說謊時最常見的幾種心理：「如果我承認了，媽媽一定會發火的，千萬不能說！」

很多時候孩子為了免受一頓皮肉之苦，會選擇對家長說謊。

第三章　破解成長密碼：正視孩子的行為問題

更多的時候，讓孩子真正內疚的是，爸爸媽媽在憤怒中透露出的傷心和難過。他們不想面對這種難過，所以選擇用說謊的方式進行逃避。

「我不想道歉，這樣好沒面子，只要不承認就不用道歉了。」有時候讓孩子開口道歉說「對不起」，其實是一件不太容易的事情。

四五歲的孩子已經開始有了很強的自我意識，他們還不能明確地理解「自尊心」、「固執」和「沒禮貌」的區別，因此他們會說謊否認自己的錯誤。道歉需要勇氣，孩子還要一些時間成長。

「只要不承認就行了，我真的不知道該怎麼辦才好了……」在孩子眼中，推卸責任是解決問題最簡單的方法。如何引導孩子勇於承擔責任，進行「善後處理」，需要家長想好辦法。很多時候孩子已經知道自己錯了，但是修正、彌補的機會已經錯過了。

說謊是孩子成長過程中的正常現象，但是說謊畢竟是一種不好的行為，那麼孩子為什麼會說謊呢？

首先，想要逃避責罰。趨吉避凶是人之本能。對於孩子來說，說謊只是他們逃避責罰的一種方式，他們根本意識不到這是多大的一個問題。對待這種情況，身為家長，最先要反省的就是自己，看看是不是平時對待孩子太過嚴厲了，導致孩子害怕說出實話。

其次，心理上受挫了。除了上面的原因，孩子還有可能是因為受到了家長的冷落而說謊。這麼做的原因自然是希望透過

說謊能夠贏得父母的關心，引起父母的注意，讓父母把更多的精力放在自己身上。由此可見，即便是從孩子的謊言裡也是能看出一些問題的。

最後，想像力太過豐富。據研究顯示，一個孩子越早學會說謊，說明他的智商越高、越聰明。這是為什麼呢？原因很簡單，因為當他說了一個謊之後，他要想辦法來圓他的謊。甚至就像是前面提到的，孩子說謊是無意識的，他們描述問題的時候會不自覺地新增自己的想像。

所以家長面對孩子的說謊行為，沒必要全部一棒子打死，應該視問題具體分析。那麼家長該怎麼做呢？

確認孩子是否在說謊

當家長懷疑自己的孩子在說謊的時候，應當率先進行仔細的調查，搞清楚到底孩子是不是真的在說謊，有時候父母的判斷並不一定就是正確的，如果沒有把事情調查清楚就隨意做出判斷，對孩子進行嚴厲的指責，可能會使孩子的內心受到傷害，覺得家長沒有真正地信任他們，由此造成親子關係的緊張。

多聆聽孩子的需求，加強溝通

當孩子因為知道某件事情會發生不好的結果的時候，他們就會用說謊的行為來避免這種情況的發生，此時父母應當更多

地去聆聽、了解孩子為什麼會說謊、他們更需要的是什麼，多關注孩子的情緒和心理變化，多進行溝通。對於因為和父母的接觸機會少，所以用說謊來博取父母專注的孩子，父母應多抽出時間陪伴孩子，和孩子好好地進行溝通，了解他們內心的真實想法，解開孩子的心結，這樣才能夠更好地幫助他們解決問題，減少乃至避免孩子出現說謊的行為。

幫助孩子區別想像和現實

面對孩子因為年齡小、想像力和創造力豐富而進行的想像型說謊，父母在日常生活中要注意告訴孩子什麼是真實存在的，什麼是想像中的，讓孩子逐漸明確了解，將現實和想像區分開來，並且還需要家長告訴和引導孩子學會如何正確表達自己的想像。

不要替孩子貼上「愛說謊」的標籤

聰明的父母不會當面揭穿孩子的謊言，反而會和孩子「鬥智鬥勇」，讓孩子明白家長不是那麼容易騙的，當孩子知道家長沒有那麼好騙之後，他們或許會迎難而上不斷開發自己的思維，最終知難而退。在這個過程中，孩子的思考能力得到了提升，並且將會明白，謊言終究是謊言，總會有被揭穿的那一天。

有時孩子說謊可能是出於無奈，因此家長千萬不要隨意地將

說謊和孩子的品德連繫在一起,早早地替孩子貼上「說謊精」、「小騙子」之類的標籤,這會傷害到孩子的自尊心的,甚至出現自暴自棄、將自己的說謊行為合理化的問題,長期如此,會使孩子真正出現品格問題。

說謊固然不好,卻是孩子成長過程中的必經階段,父母們要及時弄清楚自己孩子說謊的原因,了解孩子的真實需求,在指責孩子的時候進行自我反省,引導教育好孩子,不能讓孩子在說謊的道路上越走越遠,努力讓孩子成為一個誠實守信的人。

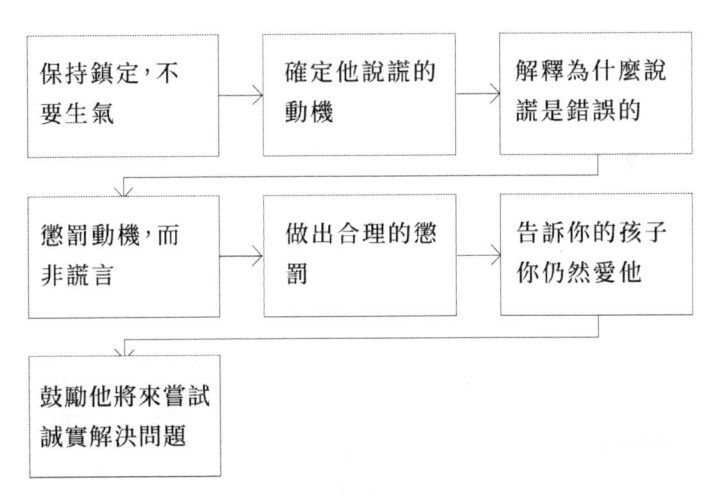

```
┌──────────┐    ┌──────────┐    ┌──────────┐
│保持鎮定,不│───▶│確定他說謊的│───▶│解釋為什麼說│
│要生氣     │    │動機       │    │謊是錯誤的 │
└──────────┘    └──────────┘    └──────────┘
                                       │
┌──────────┐    ┌──────────┐    ┌──────────┐
│懲罰動機,而│───▶│做出合理的懲│───▶│告訴你的孩子│
│非謊言     │    │罰        │    │你仍然愛他 │
└──────────┘    └──────────┘    └──────────┘
     │
┌──────────┐
│鼓勵他將來嘗試│
│誠實解決問題 │
└──────────┘
```

謊言即時溝通的 7 個步驟

◆ 第三章　破解成長密碼：正視孩子的行為問題

欲望管理：如何引導愛說「我要」的孩子

「我的兒子小軒只要一出門就會吵著要買這買那，要這個要那個。如果得不到，他就會一直哭鬧不休。我平時工作很忙，總覺得陪他的時間少，所以對於他想要的東西，我基本上都會買給他。偶爾有幾次覺得他有點過分，雖然很煩，但是在他的眼淚攻勢之下，我還是投降了。可是孩子慢慢大了，想要的東西變本加厲，都已經超出我的經濟承受範圍了。我現在開始拒絕他的要求，但是得不到想要的東西，孩子的脾氣越來越暴躁，什麼招數都想得出來，不僅哭鬧，還學會了滿地打滾、頂嘴和打人，真讓人擔心。」

「我家孩子總是在我忙的時候，要這要那的。有時候我正在忙著炒菜，但是他非要拉著我的衣服讓我陪他玩。我跟他商量說等我炒完菜就陪他玩，他堅持不肯，要我現在就陪他玩。我有好幾次很生氣忍不住吼了他，但是看到他怯生生的模樣，我又覺得自己做得太過分了，感覺很抱歉。」

日常生活中經常能看到這種孩子哭鬧要東西的場景，很多時候家長都會束手無策，有時候甚至會生氣地打孩子，或者對孩子怒吼，但孩子依然哭鬧不止，問題沒有得到一點解決。

但其實孩子吵鬧、要求多半只是因為孩子的某個需求沒有得到滿足，他的目的大致也就這麼三種：一是尋求關注。孩子希望家長的注意力在自己的身上，因此想要透過哭鬧等方式操

縱別人為自己奔波忙碌，達到受關注的目的。二是尋求權力。孩子為了達到自己說了算的目的，哭鬧、打人迫使家長聽從自己的要求。三是報復。可能由於家長在某些時候沒有滿足孩子的要求，在被多次拒絕之後，孩子出於報復心理進行哭鬧。

面對這種情況，家長常會下定決心絕不寵壞自己的孩子，但是一直不滿足孩子、不答應孩子的要求又會怎麼樣呢？

小吳從小因為家裡的經濟條件不好，所以他的父母對他非常嚴苛，並且一直堅信滿足了一次，以後就難養了。因此小吳從小就很少有玩具，連衣服都是能省則省，更別提去遊樂園玩耍了。在這樣的環境下成長的小吳習慣了聽從父母的意見，直到畢業工作，他開始獨立有了自己的收入，接觸到了曾經理想中的生活氛圍。於是他不再壓抑自己的欲望，明明薪資不高，和朋友借錢、找銀行貸款也要買奢侈品。一年下來，不但工作能力沒有提升，錢沒賺多少，還留下一身的債務。

對於孩子「我要」的欲望，家長答應了，怕寵壞孩子，但是不答應，又不捨得孩子哭鬧，更怕孩子以後會學壞。那麼家長怎麼做才是對孩子好呢？

吸取經驗教訓，養成事前思考的好習慣

孩子在無聊的時候是最容易產生欲望的，這是很多家長的共識。如果家長真的很忙，大部分時間都沒辦法陪伴孩子，那麼可以選擇提前替孩子安排一些可以獨立完成的活動，比如拼拼圖、

第三章 破解成長密碼：正視孩子的行為問題

堆積木等，為了避免無法快速想出符合孩子興趣愛好的活動，家長可以提前和孩子一起思考列出「當爸爸媽媽在忙，我可以做什麼」的清單。既表達了對孩子的重視，又透過列清單這種方式向孩子傳達家長不可能無時無刻都陪著他們、圍著他們轉的意思，讓孩子意識到父母的忙碌。這樣就可以避免家長在忙的時候，孩子一定要讓家長去做什麼的情況發生。這種意識越早地確立，在後面向孩子解釋沒法滿足他們欲望需求的時候，越容易進行。

有時候家長在忙碌的時候將自己關在房間裡，也是減少孩子「我現在就要你做某件事」的好辦法。如果說孩子無理取鬧是為了引起家長的關注，那麼家長暫時從孩子的眼前消失，孩子找不到看自己哭鬧的「觀眾」了，自然就會安安靜靜地去找別的事情做，而家長也正好可以處理自己的事情。

孩子的需求其實並不全是心血來潮，更多的時候，家長是可以從蛛絲馬跡中找到源頭的。比如，家長已經連續好幾個星期都沒有帶孩子出去玩了，因此某個週末孩子就哭著喊著要去遊樂園。這種情況都是情理之中的，家長完全可以事先做好準備去應對孩子的需求。如果知道接下來的幾週工作都會比較忙，家長和孩子商量把去遊樂園的時間提前或者延後，孩子不願意的話，也可以讓別的親朋好友帶孩子去玩。

總之就是家長要在孩子纏著要這要那之前想好辦法，提前做好規劃、準備，提前處理，這樣才能滿足孩子的需求，讓自己不至於心煩意亂、慌了手腳。

講清楚期望，避免問題發生

對於大多數人來說，避免問題的發生比解決問題要來得更簡單。在平時的生活中，家長可以用孩子能理解的方式講清楚對他們的期望。比如在家長和上司、客戶打電話溝通問題的時候，孩子有時候會過來「搗亂」，那家長就可以在那之後，對孩子講清楚上司和客戶的重要性。

小慧經常在爸爸打電話給「重要客戶」和「公司上級」的時候去打擾他，纏著爸爸講故事給她聽，時間久了爸爸就不耐煩了，可是看著孩子委屈的小臉，他也心疼地不想吼她。面對這種情況，他的同事教了他一招。他回到家向小慧說明什麼是「重要客戶」和「公司上級」，拿她的老師和好朋友作比喻，問她，如果在她和老師、朋友打電話的時候，爸爸催著她去盥洗睡覺，她會有什麼感受。久而久之，小慧就學會在爸爸和同事、上司溝通的時候，保持安靜了。

除了上面的方法，家長還可以嘗試轉移孩子的注意力，讓孩子反向順從期待。比如說，當家長正在洗衣服的時候，孩子突然跑過來要你檢查作業，可即便已經和孩子說了稍等一下，孩子還是不依不饒地催促，這個時候家長就可以替孩子另外找一件事情做，轉移他的注意力。告訴孩子冰箱裡有新買的水果，讓他先去吃一個休息一下，或者讓他去和小狗玩一會兒等。等洗完衣服就可以幫孩子檢查作業了。當然家長在選擇轉

◆ 第三章　破解成長密碼：正視孩子的行為問題

移孩子注意力的時候，要注意選擇孩子感興趣的、不排斥的事情，如果選擇了孩子不感興趣的事情，可能會引起孩子的反感。

制定規則，嚴格執行

孩子之所以會在各種場合要這要那，不給就哭鬧發脾氣，就是因為他們曾經透過這種方式成功地使家長滿足他們的要求，並且屢試不爽。因此想要改變孩子這種壞習慣，家長就必須轉變風格，制定規則，嚴格按規則辦事。

家長要讓孩子們懂得個人的需求有時候要因為他人的舒適而讓步，不能自私地在各種場合造成別人的困擾。制定規則最需要注意的就是，規則要方便孩子執行，尤其要考慮孩子有沒有執行的能力，如果孩子做不到或者做得很不好，導致家長要提前終止這項規則的懲罰，那麼這個規則對孩子來說就沒有了約束力，也就形同虛設了。

既然制定了規則就要嚴格遵守，特別是不能讓孩子嬉皮笑臉地逃脫懲罰，如果一次兩次放過了孩子，那麼等同於縱容了孩子的重複越界，減弱了家長言行一致的威嚴感。

孩子的年紀還小，對於他們的要求，家長出於對孩子的寵愛都會不遺餘力地答應他們的需求，這是為人父母的天性。但是對於孩子「現在就要」、「要這要那」的問題，家長就要學會反省，看看是不是因為太過寵溺縱容了孩子的自私。要正確教育

和引導孩子學會善解人意、體貼父母,只有這樣才不至於在孩子的不斷索取下透不過氣來。

面對悲傷:與孩子一起解開情緒的結

　　週末朋友帶著孩子來到鵬鵬家做客,爸爸媽媽們在客廳裡聊天,而鵬鵬就和小弟弟一起在房間裡面玩,可是小弟弟拿著鵬鵬最喜歡的玩具飛機正玩著,突然他被地上的書絆倒,摔跤了,隨即哇哇大哭起來。聽到哭聲,家長趕緊停下聊天,跑了過來,將弟弟扶起來。爸爸媽媽卻發現鵬鵬正一臉難過地看著被摔壞的玩具飛機,要哭不哭的樣子。爸爸上前安慰他,並承諾等一下會買給他一個一樣的玩具飛機,但是鵬鵬還是有些悶悶不樂。這讓爸爸有些尷尬又有些生氣,不就是一架玩具飛機嘛,幹嘛弄得好像很嚴重似的。

　　爸爸在看報紙,小夢在旁邊的椅子上晃來晃去的,結果一不小心手裡的冰淇淋就掉在地上了,小夢一下子大哭起來。爸爸卻對著她訓斥道:「叫妳好好坐著,妳不聽,這下好了,別吃了!」結果小夢哭得更大聲了,於是爸爸無可奈何地勸慰:「別哭啦,再幫妳買一個。」可是現在小夢根本就聽不進去,依然大哭,甚至亂踢亂叫。這個做法激怒了爸爸:「這孩子被慣壞了,就得打她她才能聽話!」

　　在陪伴孩子成長的過程中,家長總會經歷各式各樣的情緒,

第三章 破解成長密碼：正視孩子的行為問題

這是不可避免的。面對孩子的負面情緒，很多家長不知道如何是好，甚至還會引爆自己的負面情緒。就像上面小夢的爸爸，面對小夢難過，爸爸的安慰沒有見效之後還把自己惹生氣了。家長有時候存在這樣的失誤，他們認為正面的情緒類似喜悅、高興、開心、快樂等就是好情緒，而相反地，悲傷、難過、恐懼等就是壞情緒，當孩子出現這些負面情緒的時候，家長就會千方百計地去逃避、消除這些負面情緒，而不能承認和理解孩子的這些情緒。甚至有的家長還會忽略這些情緒，用「沒什麼大不了的，一點小事，值得哭嗎」或者「你都多大了，還因為這麼點小事哭，羞不羞啊」這些話來諷刺、訓斥和懲罰孩子，他們認為不能讓孩子有負面情緒，負面情緒會讓孩子的性格變壞。

但是很多家長過度保護，不讓孩子去體驗負面情緒，千方百計地去取悅孩子，結果卻讓孩子失去了學習處理各種情緒的機會。

難過作為情緒的一種，來源於潛意識之中，對於難過的掌控調節取決於心智的能力，也就是潛意識的心智模式。當所有勸說停止難過的理由都來源於大腦潛意識部分，而意識層面的認知沒有得到潛意識感受（心智慧力）的支持時，難過就不會聽從意識指令停止或消散。

兒童時期的孩子還處於心智模式的形成階段，每個孩子都會出現難過哭泣的時候，一般在家長只採取意識層面講道理的方式勸導之後，大部分孩子都會繼續哭泣，甚至還會越哭越凶，如果家長在無奈之下強勢要求孩子停止哭泣，那麼即使孩

子的哭泣停下來了，但是他心裡的難過還依然存在。可如果家長對孩子難過的情緒進行調整引導，孩子難過哭泣的過程就會變成孩子心理成長的訓練之旅。孩子的每一次哭泣，都會變成心靈成長的訓練，孩子小小的心靈在得到充分的滋潤之後，心智慧力隨之增強，將負向難過的情緒轉化為正向積極的能量，孩子積極健康的心智由此形成。

家長要知道孩子發洩情緒是一件再正常不過的事情了，家長要允許孩子難過，允許孩子發洩情緒，幫助孩子學會合理地控制和宣洩情緒。事實上針對上面小夢的案例，如果爸爸學會傾聽，而不是過多地進行批判，那孩子還可能不會哭鬧。小夢身為一個孩子，沒了喜歡的冰淇淋，她確實會很難過，這一點是家長需要明白的。家長完全可以等到孩子的心情平靜下來之後，再去糾正孩子的錯誤，告訴她這麼做是不對的，結束後可以再買一個冰淇淋作為安慰。

當孩子產生難過的情緒的時候，家長要能看見孩子的情緒，然後再進行安撫，相信這樣孩子很快就能平靜下來了。如果家長對孩子的情緒視而不見，只是對孩子講一堆大道理，或是進行一些無用的鼓勵，那樣孩子是不會那麼容易平靜下來的，這樣的做法產生不了任何安撫的作用。

說了這麼多，那麼當孩子難過的時候，父母應該怎麼安撫孩子會比較有效果呢？

◆ 第三章　破解成長密碼：正視孩子的行為問題

要注意孩子的情緒變化

很多時候，在家長眼中一些微不足道的小事，很可能會讓孩子難過或者大發脾氣，因此家長要盡量關注孩子的情緒變化，找出孩子情緒產生的根源。多鼓勵孩子表達自己的情緒與感受，可以避免孩子因為那些累積在一起卻又說不出來的感覺，再一次引起難過的爆發。

孩子表現得越難過，家長越要保持冷靜

孩子有時候就像家長的情緒溫度計，當家長的壓力大時，孩子也會跟著反映出大人的壓力指數，當家長覺得輕鬆的時候，孩子也會覺得很自在。當家長發現孩子有些難過的時候，尤其是因為一些在大人眼中不值得一提的「小事」難過、鬧脾氣的時候，通常家長會因為孩子怎麼都哄不好而惱怒，進而導致自己也跟著生氣，甚至遷怒孩子。因此在這個時候，孩子越是難過、鬧脾氣，家長越要保持冷靜，可以選擇深呼吸，去做一些別的事情，或者到房子的另一邊休息一下、進廚房準備晚餐等，將自己的情緒從一觸即發的衝突中暫時抽離一下，等恢復平靜之後再和孩子耐心地溝通。

耐心詢問孩子為什麼難過

家長要對孩子保有耐心，在孩子難過之時溫柔地溝通詢問

他為什麼難過，可以這樣說：「我知道你很難過，你願意告訴我，你為什麼難過嗎？你是想要我做什麼嗎？」家長可以針對孩子提出的問題和他一起討論解決的辦法，這樣至少能讓孩子覺得自己是被理解的，進而降低孩子的難過程度。孩子是獨立的個體，家長更應該意識到這個問題，不該強迫孩子按照家長的意願行事，當孩子有情緒的時候，家長要用同理心來看孩子的行為，不要和孩子計較，要學會保護孩子的自尊心，多融入孩子的情感世界，這樣才能幫助孩子順利緩解自己的情緒。

轉移孩子注意力

面對孩子陷入難過的情緒之中無法自拔的情況，家長可以選擇適當轉移孩子的注意力，讓孩子不要再執著於難過這種情緒。跟孩子開一些玩笑，或者講一下別的話題，慢慢將他的注意力從難過這件事上轉移出來，分散孩子的注意力，這樣孩子就沒有那麼難過了。

無論是生氣、難過，還是焦慮、傷心、憤怒等，這些都屬於負面情緒，不同情況下的負面情緒都有其不同的處理方法，無論哪種方法，家長第一步都要接納孩子的情緒，只有先完成了這一步，讓孩子感覺到自己被接納了，家長才有可能幫助到孩子。

孩子的成長過程說長不長、說短不短，有時候慢慢來，或許比「窮養」、「富養」都更好。

第三章　破解成長密碼：正視孩子的行為問題

讓孩子接受未出生的手足

「我家裡就只有一個孩子，感覺真的很孤單，所以我想再生一個孩子，這樣兩個孩子就可以有伴了，以後還可以一起玩，長大了相互之間也有個照應。我和孩子的爸爸都是這麼想的，但是不知道孩子怎麼想，我兒子個性比較霸道，他會同意我們生第二胎嗎？」

達達是家裡的老大，在家裡受盡了寵愛，家人幾乎對他百依百順，這也就養成了他自私霸道的性格。對於爸爸媽媽想生第二胎的事情，達達非常反對，很是排斥，因此每當爸爸媽媽和他談論關於第二胎的話題時，他都會表現出非常抗拒的情緒，甚至說出「媽媽要是生了弟弟妹妹的話，我就不理媽媽了，我還要把弟弟妹妹扔掉」的話。達達反抗的情緒這麼激烈，讓想生第二胎的爸爸媽媽十分擔心。

許多家庭在第一個孩子出生後，會開始計劃生第二胎，畢竟一個孩子實在太過孤單，長大後要承擔的東西也非常沉重，雖然多養一個孩子很是辛苦，但是如果能讓孩子在長大之後有一個伴，可以相互照應的話，對於父母來說也是值得的。父母是出於為孩子著想才做這個決定，在孩子看來卻全然不同，孩子總會認為多一個孩子，會使他們失去很多東西，所以他們會極盡所能地阻止父母生第二胎，因此想要生第二胎的父母，先讓孩子接受未來的弟弟妹妹是非常有必要的。

讓孩子接受未出生的手足

父母要傾聽孩子的意見，但是對於是否生第二胎這件事來說，決定權還是在父母手中，孩子的意見並不具備「一票否決權」。當然，如果父母有了要生第二胎的計畫，最好和孩子先溝通，讓孩子有個心理準備，這裡說的溝通並不是單純地告知孩子，而是要透過溝通來了解孩子的想法。

有的孩子願意接受弟弟妹妹的到來，有的孩子不願意接受弟弟妹妹的到來，甚至有的孩子以自己的生命為代價，威脅父母不要生第二胎。對於這種現象，父母要做的是走進孩子的內心，感受孩子的想法。大多數獨生子女都是希望自己能夠獨享父母的愛，不希望有人和自己分享父母的關心和愛護，因此面對即將到來的弟弟妹妹，表現出了極為排斥的情緒。

孩子對於弟弟妹妹抱有的排斥心理大致有哪些呢？

「有了弟弟妹妹，爸爸媽媽就不愛我了。」

很多孩子都會存在這樣的心理，他們會擔心有了弟弟妹妹，就會分走原本屬於他們的愛。孩子是敏感的，如果他們發現自己感受到的愛減少了，就會產生不安，甚至會對有威脅的弟弟妹妹產生強烈的厭惡和排斥。因此父母要坦誠地和孩子交流，堅定地告訴他們，爸爸媽媽對他們的愛並不會減少。

「弟弟妹妹會搶走我的零食和玩具。」

在孩子的成長過程中，出現占有欲是一件非常正常的事情，如何教會孩子分享是父母家庭教育非常重要的一個課題。對於弟弟妹妹的出現，孩子的占有欲會使得他們排斥任何可能分走他

第三章　破解成長密碼：正視孩子的行為問題

們所有物的人。

那麼父母怎麼樣才能引導孩子更好地接受弟弟妹妹的到來呢？

首先，讓孩子知道「爸爸媽媽是愛我的」。

想要孩子學會愛別人，就要讓他們先感受到被愛著的感覺。孩子在剛剛誕生的時候，需要父母在生活上無微不至地照顧，讓他們得到基本生活的滿足，在精神上，需要得到父母的關注、理解、接納和安撫，保護他們不被負面情緒影響。

在這種環境中長大的孩子，成長的過程中充滿了愛，他們很確信自己是被爸爸媽媽愛著的，所以無論是短暫地和父母分開，抑或父母偶爾對自己發脾氣，再或者父母決定再生一個孩子，他都不會感到恐慌、深陷負面情緒之中。這樣的孩子甚至願意拿出一些愛去分給弟弟妹妹，因為他們確信自己的愛不會減少，反而會得到弟弟妹妹的愛。當然值得提醒的一點是，父母眼中的「我們很愛你」和孩子眼中的「爸爸媽媽很愛我」是不同的，需要父母給孩子足夠的安全感。

其次，讓孩子知道「爸爸媽媽不只愛我」。

很多時候家長都有這麼一個誤區，出於對孩子的愛護和尊重，父母總會滿足孩子的要求卻忘記要求孩子尊重自己，經常對沒有滿足孩子的需求而產生內疚感，其實大可不必，無論是父母還是孩子的需求都是十分重要的。從孩子的角度來看，孩子經常能感受到愛的感覺，卻很難給予別人自己的愛，這是一件非常可怕的事情，他們無法看到別人將這份愛在未來某個時

讓孩子接受未出生的手足

間點以同樣或者不同的方式回饋給自己。

因此,想讓孩子接受弟弟妹妹的到來,除了讓孩子知道父母是愛他們的之外,還要讓孩子知道「爸爸媽媽除了愛我之外,還愛家裡的其他成員,當然也包括他們自己」。如果孩子能夠早一點接受自己並不是爸爸媽媽心中的唯一,那麼孩子就能更加容易地接受家庭中多了一個新的成員,這只不過意味著爸爸媽媽的心裡由三個人變成了四個人而已,本質上愛是不會有變化的。

父母要注意引導,將孩子眼中視為「犧牲」的事情變為「分享」的事情,比如,買了好吃的東西,媽媽要盡量對孩子說「我買了好吃的,我們等爸爸回來一起吃」,而不要對孩子說「這個是買給你的,爸爸媽媽都不吃」。要知道這些細節就隱藏在生活的一點一滴中,潛移默化會比直接要求孩子,更容易讓孩子接受。

再者,讓孩子知道「我小時候,爸爸媽媽也是這樣愛我的」。

也就是說,在媽媽懷弟弟妹妹的時候,可以藉這個機會,告訴孩子當時媽媽懷他的時候是什麼樣的,生下他後又是什麼樣的情景,可以講給孩子聽,也可以和孩子一起當成情景遊戲進行模擬,讓孩子假裝是個嬰兒,表演出來。這樣做可以讓孩子意識到小時候,爸爸媽媽也是這樣愛他們的,爸爸媽媽對他們的出生也曾充滿了期待,出生後爸爸媽媽對他們也是無微不至地照顧,只是因為現在自己長大了不再適用這種愛的方式,爸爸媽媽轉變了愛他們的方式而已。弟弟妹妹年紀還小,他們

第三章　破解成長密碼：正視孩子的行為問題

更需要這種方式的愛護。這樣孩子就會降低對弟弟妹妹的排斥和嫉妒。

最後，讓孩子多參與和弟弟妹妹有關的事情。比如和孩子一起替弟弟妹妹取小名，這樣孩子會更喜歡叫弟弟妹妹的小名，並從內心裡驕傲，畢竟弟弟妹妹的名字是他取的；帶著孩子一起去產檢，讓孩子看到或者聽到弟弟妹妹的心跳，或者給孩子看超音波照片，加深他們的直觀印象；讓孩子一起做胎教，為還在肚子裡的弟弟妹妹讀故事、唱歌等，讓他們產生一種「我是大哥哥／大姐姐」的責任感；和孩子一起看一些懷孕變化的繪本或者影片，加強對孩子的生命教育，讓他了解新生命在媽媽肚子裡成長的過程，並告訴他，當初他也是這樣在媽媽肚子裡長大的，這樣孩子會對弟弟妹妹一天天長大充滿了期待；和孩子一起為弟弟妹妹的出生做準備，父母可以和孩子一起選購為了弟弟妹妹的出生準備的物品，像是小衣服、奶瓶等，讓他們實實在在參與到迎接弟弟妹妹的過程中，越參與，越有感情。

生第二胎並不是一件容易的事情，父母要做好充足的準備，好好平衡兩個孩子之間的關係，多付出一點努力，讓孩子參與，這樣才能讓孩子好好地接受乃至期待弟弟妹妹的到來。

第四章
寓教於樂：
遊戲讓成長更輕鬆

　　遊戲需要孩子全身心參與，他們在遊戲中走、跳、跑、爬，這些能促進身體機能與運動功能的發展；在遊戲中，孩子還要用到五官，這些又可以促進孩子觸覺、嗅覺、視覺、聽覺、前庭平衡、身體重力和身體動覺等感知功能的發展；社交性遊戲、互動性遊戲可促進孩子的語言發展，訓練語言理解力與行為表達力；團隊遊戲，可以鍛鍊孩子的人際互動力、團結力與合作力，幫助孩子克服困難、增加勇氣、培養自信。

第四章　寓教於樂：遊戲讓成長更輕鬆

遊戲的重要性：孩子需要玩樂像需要空氣

「我家孩子已經4歲了，平時最喜歡玩遊戲，天天纏著我們，一玩就是一個多小時。我們也願意陪著她玩，有時候玩扮家家酒的遊戲，她現在也做得有模有樣的，可愛極了。」

「我兒子今年3歲了，最喜歡堆積木、玩拼圖，有時候拼得比我都快，而且越來越聰明。透過我的觀察，我覺得他對圖形比較敏銳，好好培養培養，長大以後說不定能成為建築師呢！」

現在的生活越來越好，手機、平板、電腦等電子產品已經走進了千家萬戶，不但大人喜歡利用手機和平板電腦查資料、看影片、聊天，就連小朋友也喜歡用手機、平板電腦玩遊戲，成天像大人一樣，抱著手機不離手。

出於對孩子視力、身體健康等方面的擔憂，很多家長都非常反對孩子玩遊戲，尤其是電子遊戲，他們認為孩子玩遊戲就是「不務正業」，不但影響孩子的視力，還會對孩子的成績和生活造成很多不良的影響。但是其實也不盡然，畢竟愛玩是孩子的天性，如果孩子能夠在玩耍的過程中學到東西，難道不是一舉兩得的事情嗎？適當地玩遊戲，可以促進孩子的認知能力、語言能力和精細動作能力等的發展，讓孩子越玩越聰明。

說到底，遊戲是指什麼呢？百科全書中提到了關於遊戲的概念：「兒童運用一定的知識和語言，藉助各種物品，透過身體運動和心智活動，觀察並探索周圍世界的一種活動。是一種有

目的、有意識的,透過模仿和想像,觀察周圍現實生活的一種獨特的社會性活動。」

那麼孩子為什麼需要遊戲呢?理由顯而易見:

因為快樂。大多數孩子玩耍就是因為他們喜歡這樣,這是最基本的。在遊戲的過程中,孩子的身體和情緒得到了良好的體驗,獲得了樂趣。

為了掌控焦慮。家長很容易理解孩子喜歡遊戲是為了快樂,但是很少有家長能夠發覺孩子玩耍是為了掌控他們的焦慮,或者說掌控那些還沒有被控制的導致焦慮的觀念和衝動。在孩子的遊戲過程中,過量的焦慮會導致一個強迫性或者重複性的遊戲,又或者導致孩子過度追求遊戲的快樂。

為了增加體驗。孩子的大部分時間都在玩耍,在遊戲和幻想中孩子可以發現豐富的內外部體驗,發展孩子的性格,不管孩子是單獨玩耍還是透過別的孩子或者成人發明的遊戲,在不斷豐富的過程中,孩子會逐漸增強對外部現實世界豐富性的理解能力。可以說遊戲就是創造,創造就是生活。

為了表達攻擊性。在遊戲中孩子更容易擺脫仇恨和攻擊性,攻擊性可能會帶來快樂,但是它不可避免地會帶來一些傷害和破壞,很容易真實地傷害到某個人,但是透過遊戲的方式,在某種程度上可以緩解孩子的攻擊性。當孩子在遊戲的形式下比如追逐競技的遊戲:丟沙包、手機遊戲中模擬槍戰等,會更願意表達衝動和攻擊的感覺,他們可以將這種感覺透過正確的管道發

第四章　寓教於樂：遊戲讓成長更輕鬆

洩出去,不會憋悶在心中,影響性格的發展與養成。

為了建立社會接觸。在遊戲中,孩子需要別的孩子承擔一些預想的角色,尤其是一些需要角色扮演的遊戲,比如醫生和病人、老師和學生、老闆和客人等,透過這些遊戲孩子開始了最初的社會接觸,在遊戲中結識了很多朋友,而在遊戲以外,性格靦腆的孩子大多不容易這樣做。以遊戲作為一種情感關係開始的框架,使社會性的接觸得到發展。

為了與人交流。對於語言能力尚未成熟的孩子來說,遊戲是一種為自我揭示服務的深層次的交流。3歲左右的孩子已經有了基本的表達,但是通常大人很難完全理解他們的意思,很難達到孩子期待的高度,因此他們就會因為失望而陷入悲傷難過的情緒中。在遊戲中,孩子會嘗試向外界表達他的內心或對外部世界的感受,如果家長能夠耐心傾聽了解,就會發現孩子不經意間展現出來的豐富創造力和絢爛多彩的內心世界。

遊戲對於孩子來說是快樂的,那麼家長怎麼透過遊戲引導正確地和孩子溝通呢?

孩子需要遊戲,就像我們需要食物和水一樣,家長要做航海中的指路明燈,而不是王位上的暴君,控制孩子永遠是下下策的選擇。與其和孩子槓上,不如找到一個折中的方法。家長可以多和孩子一起進行遊戲活動,每週至少一次,盡量選擇孩子喜歡的遊戲,和孩子一起透過他們難以駕馭的關卡,展示家長高超的遊戲技巧,這樣在遊戲的過程中,家長就可以有意無

遊戲的重要性：孩子需要玩樂像需要空氣

意地培養孩子的遊戲習慣，了解孩子的遊戲愛好和互動方式，加強親子之間的互動與交流。

在遊戲中，家長可以讓孩子透過遊戲明白一些道理，比如如何正確地面對勝利、如何面對失敗、如何吸取經驗教訓、團隊合作的重要性和嚴格遵守約定等。現在很多遊戲的設計，比之前更加注重團隊合作，尤其是一些孩子喜歡的現代手機遊戲更是如此。遊戲中蘊含的一些道理是學校教育並不能教給孩子的，而在遊戲中孩子幾乎可以零成本並且輕而易舉地獲取某種經驗和知識，這其中有些經驗和道理在現實生活中常需要付出慘痛的代價才能夠明白，甚至有的人根本就沒有明白的機會。也正是由於這一點，很多軍事機構在訓練士兵的時候也採取遊戲的方式進行訓練。

家長可以和孩子進行遊戲比賽，為了贏得遊戲，孩子必須理解遊戲的規則，記住遊戲中的知識，並集中全部的注意力去應對各種突發的情況，迅速做出完善的應對措施，在這個過程中孩子的集中力、理解能力、記憶力和反應速度等方面的能力得到了提升。此外，為了防止孩子對遊戲沉迷，尤其是針對類似手機遊戲這種容易引起孩子上癮的遊戲，家長還需要在遊戲開始前與孩子設定好遊戲的時間，防止因為太過沉迷影響視力和學習生活。家長還可以替孩子制定一個換取遊戲時間的機制。畢竟學習始終是孩子的主業，家長可以將學業作為主線任務，玩遊戲作為支線任務，讓孩子在完成主線任務之後，換取支線任

第四章　寓教於樂：遊戲讓成長更輕鬆

務，也就是遊戲時間。不能讓孩子一味地索取，家長要讓他們明白這個世界上的任何物品都是需要透過交換才能得到的，讓孩子知道遊戲的時間來之不易。

　　因此，綜上所述，希望家長能夠擁有對於遊戲的正確態度，重新了解，孩子玩遊戲並非全都是「玩物喪志」，有時候比起枯燥乏味的教學課程，遊戲更能讓孩子在不知不覺間學習到更多的知識、甚至記得更加牢固。不過這需要家長在對的時間加強引導，適當滿足孩子的遊戲欲望可以讓孩子在學習的過程中更加專注。另外需要家長注意的一點是，不要讓孩子過度沉迷於遊戲之中，手機和平板電腦遊戲雖然好玩，但是學業才是孩子現階段最重要的事情。

聯想遊戲：開啟無限創意的世界

　　「萌萌，你看天邊那朵最大的雲彩，像不像一隻白色的小狗？」萌萌的爸爸抱著萌萌，指著天上的雲朵問。

　　「像，但我覺得更像一大片棉花糖。」萌萌開心地說，「媽媽，妳覺得像什麼？」

　　媽媽思考了一會兒說：「媽媽覺得像一朵白色的蘑菇。」「哈哈哈，你們兩個人怎麼光想到吃的東西？」爸爸取笑道。

　　「誰說的，我還覺得，這片雲彩像我的床，看上去軟綿綿的，要是我能在上面睡一覺就好了，肯定很舒服。」萌萌有些嚮

往地看著雲朵。

媽媽捂著嘴笑了:「在雲上沒辦法睡覺,你可以去床上躺一會兒。」

「哈哈哈,那我現在就去!說不定我睡著睡著就被雲彩托走啦!」萌萌調皮地一笑,跑開了。

現在為人父母,都希望能給予孩子最好的生活,而好的生活不僅僅是物質的提供,而應該是精神與良好素養的傳承與教誨。在現今的家庭中,家長已經越來越普遍地意識到教育的重要性,更將教育視為育兒的首要重點。

有什麼能使一把普通的掃帚變成一匹奔騰的駿馬呢?一根棍子、一把石子和一束青草怎麼樣才能燉成一鍋美味的湯呢?一個普通的籠筐又是如何變成一座繁華的城市的呢?

在大人的認知中,這些都是不可能實現的,但是想像力能將這些不可能變為可能,它是一種內在的力量,可以使孩子變成足智多謀的建築設計師、善於創造發明的科學家、極具遠見的規劃師、熱愛幻想的詩人、富有同情心的父母、認真負責的醫生。歷史證明,最偉大的成就一般都來自最偉大的夢想家,因為敢想,所以敢做。

家長可能經常覺得孩子的想像太過天馬行空,而遏止他不切實際的幻想,久而久之孩子的想像力、創造力就會受到限制。

因此家長要注意保護孩子的想像力:首先,當孩子想像自

第四章　寓教於樂：遊戲讓成長更輕鬆

己是什麼千奇百怪的事物時，家長千萬不要覺得孩子是瞎胡鬧。努力配合孩子的想像力，這對孩子而言是一種莫大的鼓勵和支持，使得他的思維更加奔放。

其次，當孩子無意識透過自己的想像去處理現實中的事情時，家長不要覺得孩子是在說謊，或者覺得孩子在故意跟大人作對。家長要盡量地理解和體會孩子的心情，這只是孩子將想像和現實弄混淆了，需要家長幫孩子分清楚什麼是想像，什麼是現實。

再者，保護孩子的想像力，允許孩子自言自語。家長不要覺得孩子自言自語是不好的習慣，其實這是孩子在和自己對話，是頭腦中正在進行想像風暴的表現。

最後，家長盡量買給孩子可以任意拆卸、任意搭配的玩具。這類玩具不僅能夠鍛鍊孩子的動手能力，維持孩子的興趣，最重要的是可以發揮孩子的想像力，任意搭配。

想像力作為精神世界的一部分，它比知識更重要，因為知識是有限的，而想像力是無限的，它包含著世界上的一切。在當今的素養教育中，人們也越來越注重開發孩子的創造性思維，培養孩子的創造性想像。創造性想像的培養越早越好，因為如果給大人一張圖片讓他去想像，他可能會因為已有的經驗太多，想像力被束縛住，不敢大膽地想像。但是孩子不一樣，只要給孩子機會，他可能想到什麼就說什麼。

大多數的人都會覺得想像力是個很神祕的東西，它常常游

離在我們的意識控制和察覺之外，有時候我們自己都很難察覺。比如孩子有時候總會說出一些出乎大人意料的話：「快看，那裡有個潛水艇！」等大人轉過頭去看，卻發現原來只是一片樹葉。孩子可以將樹葉想像成潛水艇，而大人無法在第一時間看出來。

雖然想像力是個很神祕的領域，但是從科學的角度來看，它還是有一些規律可循的。據研究顯示，想像力源自人的大腦內部，是人體大腦中各種已有資訊的隨機重新組合，有些具有特別的實用價值的，留在腦中，最終就會成為創意。在平時的日常生活中，我們時常會冒出很多奇奇怪怪的念頭，但是都被我們下意識地壓制了，但當我們注意力放鬆的時候，新奇的想法就會跳出來，成為創意。

如果家長覺得孩子的想像力比較弱的話，不妨從小就開始去引導和培養孩子的想像力，可以從引導孩子多看科幻的兒童讀物、兒童動畫開始，先引發孩子對於想像的興趣，然後利用聯想性思維、聯想遊戲對孩子進行引導，激發他們內在的潛能。

聯想遊戲就是利用聯想思維所創造的遊戲，大多表現為利用某一事物引發孩子的聯想，聯想到另一事物的遊戲，這類遊戲可以推動孩子的想像力，使其永遠處於活躍的狀態中，在看看、想想、說說中訓練和提高孩子的思維，訓練孩子思維的靈活性和敏感性，提高孩子的創造興趣。

聯想遊戲具體要怎麼進行呢？

第四章　寓教於樂：遊戲讓成長更輕鬆

先從兩種東西之間開始聯想

讓孩子看著家中的兩種東西，開始進行聯想，想一下這兩者之間有何連繫、有什麼共同點、有什麼不同點。比如電視機和電冰箱，兩者都是用電的，都是要花錢買的，爸爸媽媽都用，但是電視機爸爸用得多，電冰箱媽媽用得多，等等。

家長可以試著讓孩子去想想，看到家裡的門牌號碼能想到什麼，和什麼有關係呢……

鼓勵孩子向不同的方向去聯想

家長可以引導孩子從同一物體的不同角度去聯想，比如從物體的用途、顏色、形狀、相同的數字等角度去聯想。天上的白雲像什麼？地上的影子像什麼？看到家裡的水彩筆顏色想到了什麼？

將聯想力運用到具體的遊戲活動中。家長可以和孩子進行一個小遊戲：

在同一張大白紙上，先各自畫圖一分鐘，不許看對方畫了些什麼，然後再慢慢將兩個場景連繫在一起，畫成一幅畫，不能用語言交流，你一筆他一筆，直到整幅畫畫完，再和孩子進行交流。

睡前的聯想故事

家長在睡前講故事的時候,可以隨機選擇幾個詞語作為關鍵字,比如森林、小木屋、公主和棒棒糖等。然後根據這些詞語來建構一個故事框架,邊為孩子講故事,邊豐富包括人物對話、故事情節等內容。孩子也可以根據兩三個完全不相關的詞語進行故事的拼湊。

讓孩子發揮想像力,可以為孩子的未來打下良好的基礎。創造學之父奧斯本(Alex Faickney Osborn)曾說:「想像力是人類能力的試金石,人類正是依靠想像力征服世界。」所以請不要限制孩子的想像,孩子的世界本就是天馬行空、五彩斑斕的,讓他們放飛想像,終將成長為更好的自己。

專注力提升:找碴遊戲的神奇魔力

「歡歡,快來幫媽媽看看這兩張圖有什麼不一樣的地方。」媽媽呼喚著歡歡。

歡歡跑過來坐在媽媽身邊,盯著兩張圖片看了一會兒,馬上就找出了不同之處:「媽媽,這張圖裡的阿姨有耳環,這張圖裡的阿姨沒有耳環。」

「哇,歡歡真厲害,媽媽看了好久都沒發現有什麼不一樣呢。」媽媽誇讚著歡歡,「還剩下幾張圖,歡歡和媽媽比賽,看

第四章　寓教於樂：遊戲讓成長更輕鬆

誰能更快地把不一樣的東西都找出來，好不好？」

「好！」歡歡點頭答應，低下頭和媽媽一起找。「這個沒有腰帶！」「這多了一頂帽子！」「這個……」到了最後一張圖，歡歡看了半天也沒發現不同，忍不住抓抓頭髮。「這個包和這個包好像差不多……」聽到媽媽的話，歡歡的注意力放在了包包上。找到了！

「媽媽，我找到了！這個包包上比那個包包多了一個釦子！」歡歡高興地叫道。

媽媽聞言露出微笑：「歡歡，你好厲害，媽媽都沒有看出來呢！」

所謂的專注力，就是人們常說的注意力，對於孩子來說，專注力就是指孩子把視覺、聽覺、觸覺等感官全部集中到某一事物上，達到認知該事物的目的。專注力是一切學習的開始，是孩子最基本的適應環境的能力。專注力的發展無論是對孩子的學習能力還是分析問題的能力都非常重要，是智商、情商、社會適應性等多方面心理層面的全面發展，小至集中注意力，大到自控力，對孩子的影響都非常大。

義大利著名教育家蒙特梭利曾說過：「除非你被孩子邀請，否則永遠不要去打擾孩子。為孩子打造一個以他們為中心，讓他們可以獨自『做自己』的兒童世界。」其實很多家長都不知道，孩子的專注力是與生俱來的，只是在成長的過程中，不斷有外界的因素打擾而影響了他。

悠悠在自己挖沙子玩的時候，很是專注，但是爺爺總是不

放心,沒事就在她的旁邊噓寒問暖。

「悠悠,熱不熱啊?」「悠悠,吃不吃水果啊?」「悠悠,要不要喝水啊?」「悠悠,這樣挖洞會更好……」

當孩子在做一件事情的時候,家長在旁邊指指點點、餵水果、喝水、逗他玩等行為,都是對孩子專注力的一種打擾,所以家長要注意保護孩子的專注力,不影響他是最好的。

孩子的專注力不夠是由很多原因造成的,主要包含:

身體原因

一些孩子比較挑食,又受到家長的溺愛,養成了想吃什麼就吃什麼、想不吃什麼就不吃什麼的壞習慣,導致營養失衡,缺少許多元素。而且現在的孩子大多疏於鍛鍊,成天待在家中,受到太多電子產品的干擾,所以才會使注意力無法集中。

心理問題

造成孩子專注力不夠的心理原因存在很多方面,朋友、老師等都會影響孩子的專注力,但是最重要的還是家庭中的親子關係。父母對孩子過度呵護,導致原本應該由孩子自己完成的事情被父母代勞完成了,時間長了,孩子形成了嚴重的依賴心理,很多事情自己都不會動腦,遇到事情就去問家長,長此以往,孩子的專注力就下降了。

第四章 寓教於樂：遊戲讓成長更輕鬆

對所做的事情不感興趣，沒有學習的動力

家長替孩子安排的事情，讓孩子覺得不感興趣，他就會找藉口去做別的事情，比如孩子經常會在做作業的時候，一會兒喝口水，一會兒上個廁所，這樣就會使專注力無法集中。

周圍的干擾太多

就像前面悠悠的事例中，家長給予了太多的指導和關心，就很容易讓孩子分神。並且周圍環境嘈雜的時候，孩子也很難保持住專注力，比如在孩子寫作業的時候播放電視節目等。

錯誤的家庭教育方法阻礙了孩子專注力的發展

當家長替孩子安排了太多的任務，完全超過孩子的能力範圍時、家長一次性安排多個任務或者同時發出很多指令的時候，孩子會因為事情太多，考慮事情而分心，無法保持專注力。

這些原因加起來，就會使孩子的專注力不斷被削弱。專注力差的孩子在學習的過程中，自制力會比較差一點，具體表現為：孩子專心一小段時間就會打混，一會兒摸摸鉛筆，一會兒玩玩橡皮擦，一會兒出去上個廁所，一會兒起來喝口水，總之就是沒有辦法專注於學習這件事上。在嘈雜的環境中，專注力差的孩子表現得更明顯。

專注力是一種習慣，而習慣最好是從小培養，越早開始，

後面的效果越好,那麼如何才能提高孩子的專注力呢?

不要替孩子買太多的玩具和書籍,看完再買

生活中,家長不難遇到這種情況,孩子有很多玩具和書籍,但總是這本書看兩頁,那本書看兩頁,玩具也是如此,一會兒玩這個,一會兒玩那個。事實上,太多的玩具和書籍對孩子沒有好處,只會分散孩子的注意力。對於這種情況,家長可以告訴孩子,每次拿的玩具都不能超過兩個,等他玩完了之後才能夠換,否則不可以換。換書籍的話,要盡量向父母講解一下書中的意思。

打造一個可以集中注意力的環境

在孩子專心做某一件事的時候,把無關的東西盡量收起來,不要分散他們的注意力,打造一個良好的環境。

不要干擾孩子的學習思路和專注力

有時候孩子在做作業的時候,家長在一旁輔導,看到孩子作業有錯誤的時候,就直接告訴他們,但其實這打斷了孩子的學習思路,將孩子從專注於做作業這件事中剝離出來,這是非常不可取的。家長可以選擇在孩子寫完作業之後,再對他們的作業進行指導。

第四章　寓教於樂：遊戲讓成長更輕鬆

盡量減少對孩子的嘮叨和訓斥

對於孩子注意力不集中的問題，家長總喜歡對孩子嘮叨幾句，但是這樣反而會使孩子在心裡形成一種暗示，不斷認同自己的注意力不集中，長此以往，孩子的注意力就會越來越差。因此家長也要盡量減少對孩子的嘮叨與訓斥。

利用專注力遊戲，潛移默化地增強孩子的專注力

前面我們提到的找碴遊戲，也可以稱之為找不同的遊戲或者找彆扭的遊戲，這是一種增強智力和進行教育的遊戲，家長需要找到兩張相似的圖片，然後讓孩子找出兩張圖片中的不同之處。

找碴遊戲主要訓練的是孩子的眼力和觀察力，之後隨著找碴遊戲的逐漸發展，也可以進行知識點掌握情況的測試，比如找出錯別字等。在找碴遊戲的設計中，一般都有時間限制，答錯一次還要扣時間，當然也可以有一些提示。並且，每一幅圖片都是一個關卡，關卡的難度設計由簡到難，逐步加深。

找碴遊戲可以一個人玩，也可以兩個人玩，兩個人輪流，每人找一個不同，比賽誰找得快。家長可以和孩子一起玩，盡可能地放慢尋找速度，為孩子留出時間，不要太快造成孩子的壓力，讓孩子對這類遊戲失去了興趣。適當地給予孩子提示，還可以促進親子之間的關係。

家長在孩子專注力的培養上，不要操之過急，遵循孩子自身的發展規律，不隨意打擾，適當引導，做出合理的判斷才是最重要的。專注力是每個孩子都擁有的內在能力，希望家長多尊重孩子，更好地幫助孩子成長。

手工遊戲：指尖上的智慧與親子聯結

「我女兒小花之前總是在我玩手機的時候湊過來，有時候甚至要搶走我的手機自己玩，但是我又擔心孩子玩上癮，對孩子的視力和智力發展都不好。所以我後來陪孩子的時候都盡量不玩手機，之前朋友送了黏土，這不正好用上了。小花很喜歡這類手工遊戲，現在動手能力特別強，比我捏的東西都好看。」

現在很多家長下班回家之後，即便是陪孩子也一直在玩手機，卻又總是反過來抱怨孩子搶手機玩，不給就吵就鬧，但是給了，家長又擔心孩子沉迷遊戲，影響視力。其實像上面例子中的小花媽媽的做法就很好，利用手工遊戲轉移孩子的注意力，既能防止孩子沉迷手機，影響視力，又能夠鍛鍊孩子的動手能力，讓孩子感受指尖創造的魅力。

在競爭激烈的現代社會，家長往往更注重培養孩子的藝術興趣，學畫畫、學音樂、學舞蹈等，但是忽略了讓孩子做手工的意義。

蒙特梭利指出：「在孩子的幼年時期，陪孩子玩和做手工是

第四章 寓教於樂：遊戲讓成長更輕鬆

兩件最重要的事情。」對此，家長可能會有疑惑，做手工怎麼會比上學畫畫之類的藝術特長更重要呢？其實，合理的手工遊戲課程或者手工與繪畫結合的課程，不但迎合了相應年齡階段孩子的心理、生理特點，還極大地培養了孩子的審美情趣和綜合能力。

做手工就是高品質地玩耍，看似只是鍛鍊孩子的動手能力，但真正運行的是孩子的整個大腦系統，透過手腕和手指等小肌肉群的運動，不斷刺激大腦皮層，發展孩子的大腦機能，讓孩子的思維能力得到充分的發揮。在做手工的過程中，孩子眼、耳、手以及大腦需要同時運作，才能完成，這樣可以使孩子身體的各項機能得到協調發展。

那麼家長和孩子一起做手工遊戲具體有什麼好處呢？

可以增進感情，改善親子關係

家長和孩子一起做手工，在這個過程中，需要兩人合作完成，增進了彼此之間的交流，像朋友一樣地相處，會讓孩子對家長更加親近。

「每次一起做手工的時候，孩子都和我關係特別好，不僅主動搬凳子給我坐，還一直說擔心媽媽的腰會痠之類的話，特別懂事。」

可以提高孩子的智商

做手工時,孩子不但需要動手還需要動腦,全面使眼、耳、手以及大腦共同運轉,對孩子的觀察力、創造力、想像力和動手能力都有很明顯的增強。

增強孩子的自信心

做手工並非一次就能成功的事情,在這期間可能會遇到很多問題,孩子解決了這個問題的話,家長及時地給予孩子表揚,會極大地增強孩子的自信心。

此外,孩子做手工將身邊的一些廢棄物進行二次利用做成漂亮的手工藝品,擁有了「變廢為寶」的能力,對於孩子來說是非常有成就感的事情,這樣就會得到周圍人的讚美,久而久之孩子的自信心就隨之增強,也就會更加努力。

增添生活樂趣,療癒孩子的內向與孤獨

孩子做手工並不是只有生理層面的作用,其實對於孩子綜合能力和心理健康上的作用更大。每一次手工活動都相當於一次小規模的實現理想的過程,這個過程中充滿了各種因素,孩子可以體驗豐富的場景,增添生活的樂趣,而不是一味地玩著以前的玩具,孤單又寂寞。做手工可以讓孩子更加積極快樂地成長。

第四章 寓教於樂：遊戲讓成長更輕鬆

培養孩子的創造力

一般在孩子製作手工的時候，家長都先會提供一些事物的圖片或者造型，然後引導孩子盡情擴散性思考，然後再引發孩子的積極性，去進行創作。孩子會盡情地發揮自己的想像力，努力還原自己腦海中的事物。這樣的手工不僅鍛鍊了孩子的動手能力還能很好地培養孩子的創造力。

讓孩子學會自我調節，增強孩子的交際能力

做手工是陶冶身心、提高自我調節能力的好辦法。如果家長不知道怎麼樣才能在孩子鬧脾氣的時候管教孩子，不如試著陪他做手工試試。原因就在於需要耐心和安靜專心才能完成的手工可以很好地調節孩子的情緒，使孩子慢慢冷靜下來，充分實現自我調節。

在手工的製作過程中，孩子除了能得到身心的陶冶之外，還能透過對手工製作的相互合作，更加地懂得如何與別人溝通、相處、合作，甚至是換位思考，為孩子未來的人際交往打下基礎。

在了解了這麼多關於做手工的好處之後，家長一定很想知道有哪些可以和孩子一起玩的手工遊戲吧，下面就為大家介紹幾款簡單實用的小遊戲：

彩色花朵拼一拼

做法：用不同顏色的水彩筆將畫紙塗滿，晾乾後，剪出不同形狀的花瓣和葉子，然後讓孩子自己選擇喜歡的顏色和圖案，將花瓣和葉子拼在一起，充分發揮孩子的想像力。

手工貼畫

做法：在白色的卡紙上剪出不同樣式的圖案，比如樹木、小鴨子、太陽等，然後和孩子一起發揮想像替這些圖案上色，在剪紙的背後貼上雙面膠。孩子可以根據自己想像中的畫面，將剪紙一一貼在白紙上，就這樣一幅故事貼畫就完成了。最後家長還可以讓孩子分享一下貼畫中是什麼樣的故事。

做扇子

做法：家長可以提前準備四五根冰棒棍和一張白紙，然後在冰棒棍上鑽個孔用來固定冰棒棍，孩子可以用水彩筆將冰棒棍塗成彩色的，然後再把白紙裁剪成扇子的形狀，塗上顏色，黏貼在冰棒棍上，最後在扇子上畫上圖案就好了。

五彩螃蟹

做法：家長率先準備好幾個貝殼和帶鐵絲的毛線，讓孩子將貝殼染成自己喜歡的顏色，然後將毛線用膠黏在貝殼內部並把毛線折成螃蟹腿的樣子，螃蟹的眼睛可以在紙上畫好，然後剪下來貼到貝殼上，就這樣五彩的螃蟹就做好了。

◆ 第四章　寓教於樂：遊戲讓成長更輕鬆

▎小相框

做法：在白紙板上畫一個半徑為 5 公分左右的圓，在圓的周圍剪出一圈小鋸齒，再剪一張自己的相片貼在圓的中心位置，然後用彩色的毛線有規則地在齒輪上來回纏繞，直到每個齒上都繞滿了兩圈，將線頭塞好，再替圓紙片穿上絲帶，小相框就這樣誕生了。

這類手工遊戲可以培養孩子的耐心和細心，加強孩子的注意力、動手能力和想像力，能否有始有終地完成一件事情，做事的時候能不能專注認真地完成是孩子自制力和堅持性發展的重要指標，在這個過程中，家長要格外地重視。慢一點，多陪陪孩子，這樣才更有助於孩子的成長！

性別遊戲：探索平等與差異的微妙平衡

「媽媽，為什麼豆豆可以穿裙子，而我不能穿裙子啊？」強強拉著媽媽的衣服問。

「因為你是男孩子，而豆豆是女孩子啊。」強強皺著眉頭說：「女孩子都是愛哭鬼。」「為什麼這麼說呢？」媽媽好奇地問。「我們班的女孩子特別麻煩，不小心摔倒了就會哭，一點也不堅強。」「可是女孩子是不是有時候也有比你做得好的時候呢？」媽媽一步步引導著他。

強強低著頭想了一會兒：「娜娜比我細心，小夢成績比我

好……但是我的力氣比她們大！」

「這樣看來，男孩子和女孩子各有各的長處呀。那你還覺得女孩子麻煩嗎？」媽媽趁機問。

強強思考了一下，不好意思地笑道：「不了不了，『惹不起』。」逗得媽媽哈哈大笑。

在現代社會中我們不難看到一些關於孩子性別認知方面的爭議，比如之前就有「三歲男孩進女浴室被拒絕」的新聞，新聞中，一位女士想要帶著自己的外孫進到浴池洗澡，由於家中沒有男性長輩，所以想把孩子帶到女性浴池中去，但是被商家拒絕了。就這個行為，引起了網友們的熱議，雖然有少數人並不認同商家的做法，但大多數人都認為孩子已經到了懂得性別區分的年紀了，進入女性浴池會造成他人的不便。

其實根據心理學的研究表明，三四個月大的嬰兒就已經能夠把男性和女性區分開來了。在 1 歲的時候，大約 75% 的幼兒也已經能夠分辨男性和女性的臉了，換句話說，也就是在孩子學會說話走路之前，他們就已經擁有對男性和女性進行知覺分類的能力了。

在 1 歲半到 2 歲的時候，孩子已經能夠利用性別標籤來確定自己和別人的性別，而在 2 歲半到 3 歲之間，幾乎所有的孩子都能夠準確地判斷出自己是男孩還是女孩。但這個時期孩子還沒有形成真正的性別角色意識，需要進入青春期之後才能真正形成。

經科學調查顯示，孩子如果在幼兒階段就接受性別教育，

第四章　寓教於樂：遊戲讓成長更輕鬆

其效果要比青春期階段更加顯著。因此對孩子展開良好的性別教育，幫助孩子建立健全的人格，對於孩子以後乃至整個人生處理兩性關係都有很大的幫助。

在華人社會，孩子的性別教育還不夠完善，部分地區還存在幼兒園的小朋友不分男女，共用同一個廁所的情況，這其實對孩子辨別性別會有很大的影響。

一般孩子在幼年時期會產生性別概念模糊不外乎以下幾種原因：

父母的性別角色錯位

父母之間相處時，有時可能父親太過軟弱，或者母親性格較為強勢，性格偏向男性化，這些都會導致孩子產生性別模糊。

父母與孩子的關係不健康

父母雙方對孩子的影響程度不一樣，又可能一方比較冷淡，而另一方對孩子可能比較寵溺。

父母喜歡相反性別的孩子

這種情況一般會出現在女孩身上，尤其是當孩子出生時，與父母期望的性別不一致的時候，父母潛意識對孩子用反性的方式進行培養。

孩子的過分崇拜

孩子對於異性的家長過分崇拜，下意識地模仿學習他們的行為方式，進而導致對性別的模糊。

家庭不健全

父母離異或者長期分離兩地，導致孩子對性別的了解不夠完全。

孩子缺乏安全感

父母雙方的關係不夠好，經常吵架，甚至有家暴的行為，使得孩子嚴重缺乏安全感，對性別的區分不夠明確。

如果孩子在幼兒時期對性別認知模糊，家長該怎麼調整心態呢？

首先，家長不要因為孩子對於性別認知不足而產生擔憂和緊張，應當盡量保持正向的心態，因為小孩子對情緒的感受比較敏感，也比較容易受到影響，所以家長正向的情緒會帶動孩子也形成積極樂觀的心態。當孩子詢問性別方面相關的知識時，家長要正面積極地回答他們，讓孩子產生對性別的基本認知，這樣更有利於孩子的成長。

其次，了解孩子的正常需求，不要苛責孩子的過分舉動。

第四章 寓教於樂：遊戲讓成長更輕鬆

家長在教育孩子的過程中，要努力掌握好分寸，不能出現超出孩子年齡層、現實狀況等的情況，不要超前教育。面對孩子可能出現的「過分」舉動，家長也盡量不要表現出不自然的表情，更不能訓斥責罵孩子，而是要用一種孩子能夠接受的方式，心平氣和地與他溝通，說明理由。

最後，家長要給予孩子足夠的愛、感情和安全感，為孩子營造出一種快樂和諧的心理環境。在這種環境中，孩子的情操和自我調節的能力都會有所提升。

在家長調整好自身的心理狀態後，再引導孩子逐步確認、區分什麼是性別不同，重新塑造孩子對於性別的認知。具體可以這樣做：

從日常的洗澡時間開始，培養孩子對性別的認知

家長可以分別帶同性別的孩子洗澡，比如爸爸帶男孩洗澡，媽媽帶女孩洗澡。在洗澡的過程中，一邊清洗身體，一邊教導孩子生理性別知識。告訴孩子哪些地方是別人不能碰的，保護好自己隱私的同時，也不能夠侵犯別人的隱私。

寓教於樂，透過角色扮演等性別遊戲確立性別意識

家長可以透過性別遊戲，讓孩子在遊戲中了解性別，並意識到「我們平等，但是天生不一樣」，比如：

遊戲：家庭角色扮演

過程：家長可以引導孩子模仿不同性別的家庭人物，男孩可以裝扮成爸爸、哥哥、弟弟等這類的男性角色，女孩裝扮成媽媽、姐姐、妹妹等女性角色，並透過扮演過程中的穿搭加深孩子對性別的基本印象，像是女孩多穿裙子，男孩多穿褲子，女孩多留長髮，男孩多留短髮，等等。

引導孩子注意性別差異和平等

家長要告訴孩子男女有別，要注意避免在異性面前赤身裸體。有的孩子會在公共場合脫下褲子上廁所或者突然掀開上衣等，家長要及時地制止，並教育他不要做出這種行為，這是不禮貌的行為。

家長注意不要表現出對性別的偏愛，否則容易使孩子從心裡否定自己的性別，出現性別認知模糊。對於孩子的性別教育，家長要告訴孩子，性別沒有對錯之分，不可以有性別歧視的話語和動作，要平等和平地與別人相處。就像最初的強強一樣，家長要注重對孩子的引導，讓孩子學會尊重和異性的性別差異和地位上的平等。

不要過度地樹立生硬固化的性別意識

家長不要規定男孩一定要做什麼，一定不能做什麼，女孩一定要做什麼，不可以做什麼，比如女孩不可以玩槍戰遊戲、

第四章 寓教於樂：遊戲讓成長更輕鬆

格鬥遊戲，男孩才可以；男孩不可以玩娃娃、扮家家酒，只有女孩才可以，等等。這種灌輸的固化印象對孩子的未來不一定有好處，反而會使孩子因為喜歡異性的一些行為、習慣而產生心理壓抑感，最後心理上發生不好的變化。

其實男孩也可以擁有女孩所特有的細膩、細心，女孩也可以像男孩一樣堅強、果斷、不服輸，固化的印象並非就一定是正確的，家長要和孩子說清楚，也可以透過遊戲的方式，幫助孩子加強理解，比如：

遊戲：猜猜我是男生還是女生

道具：準備一些人物的圖片，包括穿褲子的男孩、穿裙子的女孩、留短頭髮的女孩、踢足球的女孩、做手工的男孩等。

過程：家長可以和孩子進行比賽，說出圖片中的人物是男孩還是女孩，看誰答對的次數多，從而得到獎勵。

這種遊戲可以很好地幫助孩子打破對性別的固化思想，加強理解，挑戰成功後，家長要記得及時給予孩子表揚和獎勵，即便孩子失敗了，也要記得多對孩子進行鼓勵。

良好的性別意識可以讓孩子更好地適應這個社會，更好地保護自己，讓他更加健康地成長。因此，家長一定要及早重視！

時間管理：從遊戲中學會規劃的技巧

晚飯後，心心纏著媽媽想要看電視，媽媽被纏得沒辦法，只好同意她看 15 分鐘的電視。

獲得批准的心心趕快打開了電視，觀看自己喜歡的卡通。對於剛剛上幼兒園的欣欣來說，她並不知道 15 分鐘意味著什麼，也不了解 15 分鐘到底有多久，但是媽媽答應她可以看卡通，她就已經很滿足了。

一集卡通結束，媽媽對心心說：「把電視關了吧，時間到了。」「啊？時間已經到了？」心心很不可思議「15 分鐘怎麼這麼快就到了？我才看了一集。」「是啊，時間總是過得這麼快，所以我們才應該更加珍惜時間。」「我還以為有很長時間呢。」心心失望地說。媽媽摸著心心的頭語重心長地說：「時間總會在不知不覺間從我們的身邊溜走，無論是生活中還是念書的時候，都要好好地利用時間，這樣才不會覺得時間被浪費掉了。」

「哎，看來我以後要好好計劃一下了，要不然時間都過去了，什麼都來不及做，卡通也看不夠。」心心像個小大人似的說。

時間是個很抽象的概念，它存在於我們身邊，卻又讓我們不易察覺，等發現的時候，它已經過去很久了。對於成年人來說，時光易逝，快節奏的生活方式、豐富的人生閱歷無時無刻不在提醒著成年人時間是什麼。但是在孩子的世界裡，他們對於時

第四章 寓教於樂：遊戲讓成長更輕鬆

間的概念還不太理解，他們無法感受到時間的飛逝，因此也不會很緊張自己的時間被浪費了。珍惜時間？那是什麼東西？這是當家長訓斥孩子浪費時間的時候，孩子的第一反應。他們茫然，然後繼續浪費著。

對於孩子浪費時間的行為，家長看在眼裡，恨在心裡，恨不得時時刻刻提醒著孩子珍惜時間，但是這種直接的提醒大多時候都不能取得很大的成效，原因就在於孩子對時間根本沒有概念，不知道的東西怎麼遵守？所以想讓孩子學會珍惜時間、合理利用時間，家長首先要讓孩子明白什麼是時間，這樣孩子才能對時間有一個完整的概念。

家長這樣做，可以讓孩子建立起時間觀念：

從小事著手，幫孩子明確時間

家長從生活中的小事開始，對孩子做的每一件事情都用精準的時間來表達，比如家長可以這樣說：「現在 7 點了，我們應該起床了，8 點我要送你去學校上學」「5 點你要開始做作業，6 點我會來檢查，如果沒問題，晚上 8 點的時候，你可以看 20 分鐘的電視」，等等。這樣做可以讓孩子意識到鐘錶上的數字並不僅僅是數字，它與我們的生活息息相關。久而久之，孩子就會逐步建立起時間的觀念，在做每一件事的時候都會主動去看時間，形成按時完成任務的習慣，甚至不需要家長去提醒，就直接自己完成了。

設定簡單工作，加深對時間的理解

在孩子了解到時間的概念之後，家長就可以適當安排一些簡單的任務給孩子了，比如在 10 分鐘之內把衣服穿好，在 20 分鐘之內吃完飯，等等。剛開始孩子可能完成起來比較困難，時常會有拖拖拉拉的現象，這個時候家長就可以幫孩子準備一個小鬧鐘，適當督促孩子去完成。當孩子真的在規定的時間範圍內完成了任務，家長可以給予他一定的獎勵。如果沒有完成，也可以設定一定的懲罰。需要注意的是，不管懲罰也好、獎勵也好，都要提前和孩子商量好，要讓孩子接受同意，這樣實行起來才更容易，不會引起孩子的反抗心理。

讓孩子注意瑣碎時間，合理安排

在孩子能夠理解時間，並主動去完成事情的時候，往往會忽略掉生活中的一些瑣碎時間，導致時間的浪費，這個時候家長就可以提醒孩子好好利用這些瑣碎時間，不僅僅是告訴他們就結束了，家長還應當盡量地教會他們，或者用實際行動來方便他們更容易理解。比如在孩子等車的時候，可以讓他們看一些故事書，或者利用盥洗的時候，在腦海中想一下今天要做的事情，等等。這樣不僅可以讓孩子意識到時間是時時刻刻存在的，還能更完整地樹立起時間的觀念。

在我們小時候也總是希望時間能過得快一點，好快點長

第四章　寓教於樂：遊戲讓成長更輕鬆

大。但是隨著年齡的增長，直到現在才漸漸明白時間的珍貴。為了讓孩子在成年以後，不再像我們一樣為自己小時候浪費的時間而感到後悔，為了讓孩子在長大之後依然能有充足的時間，家長要盡量從小培養孩子合理利用時間的習慣，讓孩子學會珍惜時間，學會時間管理，這樣孩子才能在長大之後從容地面對生活、時間的緊迫，才能有更多的時間做自己想做的事情。

在孩子逐漸成長，尤其是在進入小學之後，隨著課業負擔的增加，學習的壓力會越來越大，要做的事情也會越來越多，每次都要花費大量的時間在作業上，如果孩子比較拖拉，那麼花的時間會更長，甚至會影響孩子的睡眠時間。如果孩子不學會時間管理，那麼不僅成績會受到影響，生活、健康也會受到影響。尤其睡眠不足夠的話，會直接影響到孩子的生長發育和身體健康。由此不難看出，學會時間管理對於孩子來說是一件多麼重要的事情。

學會時間管理的孩子，無論發生什麼突發事件，都能合理地安排管理自己的時間，從容不迫地面對。那麼孩子怎麼樣才能更好地管理時間呢？

首先，讓孩子認清自己和時間的關係。家長要盡量讓孩子理解時間意味著什麼，有充足的時間，他們才可以做自己想做的事情。並且時間對每個人都一樣，即便孩子的年紀還小，時間也不會因為他們年幼而走慢些，如果一直浪費時間，最後想找回來是根本不可能的。

時間管理：從遊戲中學會規劃的技巧

其次，讓孩子和時間成為好朋友。時間是人類最忠實的朋友，陪伴了人的一生，家長要特意引導孩子和時間成為朋友。當他們學會合理利用分配時間，他們的每一件事情都能做好，生活也會隨之豐富起來，時間也會為他們高興，和他們共享喜悅。

最後，提高孩子的自制力，學會自律。家長想讓孩子管理好自己，就要提高孩子的自制力，因為即便時間管理做得再好，執行力、自制力不夠，也沒有辦法。培養和幫助孩子養成自律的習慣，該做什麼的時候就做什麼，每一件事情都盡心盡力地去做，這樣事情才能做得更好。

比起生硬地灌輸，遊戲更容易讓孩子接受，因此家長可以利用遊戲來讓孩子學會時間管理。下面推薦一款很管用的時間管理的遊戲方法，我們一起來看一看吧！

遊戲：畫番茄

做法：找出一張白紙，在上面畫一顆大大的番茄，在番茄中寫出現在要做的一到三件事，最好數字化，比如做完40道數學題等。在接下來的25分鐘內，全部精力都投入到要進行的任務中，每完成一項在上面打一個勾，如果擔心會分心，可以將番茄放在最顯眼的位置。直到25分鐘結束後，可以休息5分鐘。在這5分鐘中，盡量離開桌子，完全從剛剛所做的事情中脫離出來，放鬆大腦。然後再進入下一個循環。

畫番茄的學習方法可以讓孩子將任務可視化，完全不需要思

考，一眼就能看懂，將全部精力聚焦於一點，使孩子更加專注。

良好的時間管理可以讓孩子的生活更加規律健康，但是孩子才是時間的主人，家長只能進行引導，尊重孩子的想法，多傾聽，耐心地陪伴孩子學會自己應對生活中的挑戰，找出最適合自己的步調，陪孩子慢慢長大。

群力遊戲：找到自己的團隊角色

丹丹今天從幼兒園回來的時候很高興，她滿臉興奮地和媽媽講述著今天發生的事情。

「媽媽，今天老師帶我們玩了老鷹抓小雞的遊戲，我被選中做雞媽媽了，然後我就一直保護著我身後的小雞們，在我的保護下，一隻小雞都沒有被老鷹抓走。」

「真的嗎？那妳真棒。」「我和同學們合作得很好，結束之後，大家都誇我，說以後還要選我當雞媽媽呢！」

媽媽看著丹丹開心的模樣笑了，這種遊戲的方式可比老師一點點講管用多了。

隨著孩子年齡的增長，生活範圍不斷擴大，孩子會從最初的「獨自遊戲」階段過渡到「集體遊戲」階段。集體遊戲也可稱為群力遊戲，是指兩個或者幾個孩子一起玩的遊戲，在遊戲的過程中，孩子除了可以獲得快樂，還能學會遵守規則、與人交往、獨立思考解決問題，孩子的心智得到了充分的發揮。

群力遊戲：找到自己的團隊角色

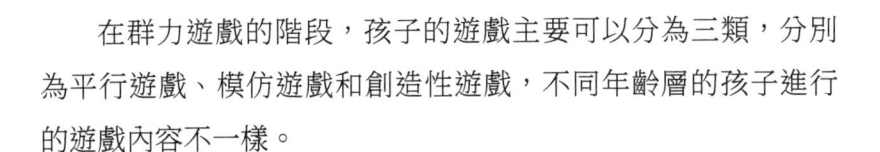

在群力遊戲的階段，孩子的遊戲主要可以分為三類，分別為平行遊戲、模仿遊戲和創造性遊戲，不同年齡層的孩子進行的遊戲內容不一樣。

平行遊戲

平行遊戲是孩子剛剛過渡到群力遊戲時的一種常見的遊戲方式，在這種遊戲模式下，孩子看似在和別的小朋友一起玩耍，但是實際上是各玩各的，兩者之間沒有任何的交流與合作。

模仿遊戲

這類遊戲一般出現在孩子3歲到4歲之間，遊戲的內容多為模仿成人社會生活中的一些場景，比如模仿經營商店、醫生看病等。孩子透過模仿生活的日常場景，不斷地認知新事物，探索新世界，在遊戲中孩子可以相互交流、相互啟發，嚴格遵守著遊戲中的規則與秩序，並對彼此之間的連繫有一個新的了解。有的孩子可以在遊戲的過程中學會謙讓、互換玩具，有的孩子在遊戲中學會了怎樣控制自己的情緒、如何保護自己的夥伴等。

創造性遊戲

創造性遊戲一般出現在孩子五六歲的時候，這個時期的孩子理解能力已經非常高了，他們已經能夠開始認真地進行思考，

第四章　寓教於樂：遊戲讓成長更輕鬆

並且開始慢慢獨立。孩子對於物體的觀察已經不僅僅局限於顏色了，而是開始關注事物的形體。孩子的注意力也變得更加集中，對於自己感興趣的、趣味性比較強的遊戲，還能夠全心地投入，玩很長時間。對於這個年紀的孩子來說，簡單的模仿已不能滿足他們對社會生活的需求，他們的創造力開始逐漸顯現。孩子能夠用積木創造出人和動物的形象，能用黏土非常合理地做出房子的大致輪廓，甚至是大象的鼻子、動物的腦袋和人的雙手等。

孩子參與群力遊戲除了與他的年齡有關，還與其認知發展、語言能力和情感成熟度有關。社會能力是一種和他人的關係，孩子在參加群力遊戲的過程中，會接觸越來越多的同齡人，進而衍生刺激，讓孩子逐漸意識到朋友的重要性。因此，孩子多參加群力遊戲好處多多，具體有：

增強孩子的集體榮譽感和合作精神。在群力遊戲中，孩子們通力合作，相互適應、磨合，共同進退；

透過遊戲的方式增強孩子的團隊合作意識，改善孩子對自身的認知和對他人的認知；

提高孩子的創新能力，改變以往固有的思維模式；

培養孩子良好溝通和學會傾聽的能力，充分激發孩子學習的主動性；

培養孩子的責任感，加深孩子對自我的「角色定位」；

增強孩子的自信心，形成嚴謹的學習和生活態度；

使孩子更加積極努力，超越自我。

由此可見，團隊活動有著深刻的內涵，不僅包括豐富的活動內容，還有多彩多姿的活動形式，對孩子的思想修養、文化修養、綜合能力等各個方面都有著非常積極正面的影響。

下面為大家介紹幾款適合孩子玩耍的群力遊戲，讓孩子既可以得到快樂，又能學到東西，我們一起看看吧！

捉迷藏

做法：

第一步，選定一名小朋友作為尋找者：用手擋住眼睛，大聲數到 50（具體數字視情況而定）；

第二步，在尋找者數數期間，其他小朋友要找到藏身的地方，數到 50 時，尋找者按下定時五分鐘的鬧鐘，開始尋找。每當找出一人，尋找者就將便利貼貼在對方身上，表示已經被淘汰；如果尋找者能在規定的時間內將所有人都找到，則尋找者勝利，反之則其他人勝利；

第三步，第一個被淘汰的小朋友接替之前的小朋友成為尋找者，遊戲繼續。

優點：孩子經常玩捉迷藏的遊戲，可以讓孩子感覺到分離和重聚都是可控制的，能優先緩解孩子對於分開的焦慮。並且還能鍛鍊孩子的空間思維能力，使得孩子不斷探索，不斷發

◆ 第四章　寓教於樂：遊戲讓成長更輕鬆

現，不斷創新，促進大腦發育。

此外，捉迷藏遊戲可以很好地去除孩子「以自我為中心」的想法，為了更好地躲藏，孩子會開始站在別人的角度思考問題，如何才能藏好？我如果是尋找者，我會去哪裡找人呢？不但促進了孩子認知能力，還讓孩子學會了多角度思考問題。

沙地運球

做法：

第一步，小朋友和家長組成兩人一組，拿好籃子，籃子內放好球；

第二步，兩人通力合作，用抬、搬、背、提等方式，拿著籃子越過障礙，將球全部運送到終點即可，花費時間最短的那一組獲得勝利。

優點：

這個遊戲可以很好地培養孩子的責任感和合作的能力，還可以鍛鍊孩子應對合作中出現問題的處理能力。

拔河

做法：

第一步，將紅緞帶繫在拔河用繩的正中間，繩子兩邊則交給雙方的成員；第二步，在賽道上畫 3 條白線，居中的白線與紅緞帶平行，兩邊的白線則為界線；

群力遊戲：找到自己的團隊角色

第三步，隨著裁判的哨聲，雙方成員用力向己方拉動繩子；

第四步，紅緞帶越過哪邊的白線，則哪邊獲得勝利。

優點：拔河是一項非常適合孩子進行的群力遊戲，在這個過程中孩子可以體驗團隊合作帶來的樂趣，即便是最後輸掉了比賽，也會覺得非常有意義。透過拔河，孩子可以知道集體的力量始終是要大於個人的，有些事情，可能單單靠我們一個人的力量是無法完成的，但是我們靠團隊的力量，所有人團結起來，凝聚起來，就可以完成，發揮最大的作用。

尤其拔河這項運動是可以讓孩子直接看到回報的，大家同心協力，就能立刻得到回報。對於性格內向的孩子來說，拔河使得他們更容易與同學增進友誼，產生感情，更好地融入團體之中。

你行我不行

做法：

第一步，先讓孩子寫出自己的長處和短處，成績、性格、運動等方面的都可以；

第二步，然後和身邊的小朋友進行比較，找出自己最想要改變的方面；

第三步，由家長對孩子進行幫助和監督，之後孩子就按照對方的生活方式進行鍛鍊，改正自己的不足之處。

優點：

現在的孩子身處於一個充滿了競爭的社會，這個遊戲有利

第四章　寓教於樂：遊戲讓成長更輕鬆

於家長幫助孩子樹立正確的競爭意識，引導和幫助孩子不斷完善自己，變得更加優秀，越挫越勇，變得堅韌與樂觀。這樣在以後的生活中孩子才能在競爭中克服困難，努力打拚。

家長要多鼓勵孩子參與集體活動，多和同齡人接觸，這樣對以後的社交能力、行動能力都有很好的幫助，多進行群力遊戲可以提升孩子的勇氣，早點明白自己的「角色定位」，更加遊刃有餘地在集體中生活。

第五章
能力養成：
從玩樂到實力的蛻變

一年級的小孩，考 100 分和能夠自主學習哪個更重要？教育重要的是培養孩子的能力，而不是短期目標上的成績，只不過成績很直觀，可以直接誘發家長的焦慮。其實，家長真正應該操心的是孩子有沒有養成以下的能力：閱讀能力、表達能力、記憶能力、感知能力、社交能力……

◆ 第五章　能力養成：從玩樂到實力的蛻變

閱讀能力：培養孩子的書香情結

　　幾個在校門口等待接孩子的家長正在討論這次的國語考試。「這次國語考試，我家孩子作文又丟好多分！」「我們家也是，我現在天天讓他回家看一個小時書，也不管用。」「你們家的孩子還能看得下書啊，我們家孩子根本一眼也不看，一提看書就皺眉頭。」「我家也是，我正考慮要不要報個作文班呢，聽說那個張老師寫作班不錯啊，我想替我家孩子報名試試，要不要一起啊？」「好啊！」「多少錢？」「孩子作文分能提高多少？」
…………

　　不怪家長們如此焦慮，現在小學課程對作文越來越重視，而且據專業人士分析作文在語文考試中的占比還會增加。眾所周知，閱讀量是文章的基礎，想要文章寫得好，必須提升閱讀量。然而，家長也發現，現在的孩子越來越不愛看書了，不愛看書自然沒辦法提升閱讀能力。

　　對於不愛看書的原因，很多家長歸咎於現在吸引孩子注意力的電子產品太多，但細想並不成立，電子產品和娛樂產業的興起是近幾年的事情，孩子不愛讀書卻是從古至今的難題，那麼什麼才是導致不愛讀書的真正原因呢？

　　首先，我們需要了解人的大腦。大腦偏愛即時快感，本能排斥不能馬上獲得快感的行為。我們的大腦雖然經過漫長的進化，但是還保有最大的功能，就是保障人的生存，其他高耗能的

活動如學習、思考都是違背大腦的生存機制的，讀書這種思維活動，也包含其中，是違反大腦的本性的。所以面對閱讀，大腦就會下意識發出拒絕和逃避的指令。想要轉向更為輕鬆的活動，玩遊戲、看動畫等。

試想一下，一本書和一個正在播放短影片的手機哪一個對於人更有吸引力？孩子的大腦生長發育並不成熟，自制力弱，自然會被更直觀收到快感反饋的事物所吸引。

其次，讀書的動機。父母和老師都知道讀書的重要性，所以就會為孩子定下任務，孩子是為了任務或者為了免受家長和老師的責罰而讀書，並不是出於內心真正對於閱讀的喜愛，沒有長久的興趣支撐，自然是三天打魚兩天晒網，而閱讀能力的養成並不是一朝一夕就能見到成效的。

最後，環境的影響。父母是原型，孩子是父母的翻版，如果翻版有問題，那一定是原型出了錯。父母都不愛讀書，愛滑手機，愛追求即時滿足感，家裡沒有讀書的環境，孩子自然有樣學樣。那麼為什麼閱讀這麼重要呢？

第一，對於所有人來說，閱讀可以開闊視野、轉化經驗。我們每個人都生活在自己特定的圈子裡，獲得的經驗也是來自自身或者周圍有限的人身上，所以我們的認知有很大的局限，甚至是錯誤，閱讀給了我們提升認知的機會。透過閱讀我們可以領略古今中外不同時間、空間的人和事物，可以開闊視野和參照別人的經驗並轉化成自己的經驗。

第五章　能力養成：從玩樂到實力的蛻變

　　第二，對於孩子來說，閱讀能力有益於各方面能力的發展。語文是其他學科的基礎，而閱讀能力又是語文的基礎。有益的閱讀可以增長見識，愉悅身心，書籍帶給我們的益處非常多，可以開闊視野，提升修養，書讀得多知識面更加開闊，思維更加活躍，遇到問題能有更多的解決方案。至於提高語文作文程度、提升表達能力等，正如杜甫名句所說：「讀書破萬卷，下筆如有神。」當有大量的閱讀時，素材豐富，融會貫通，自然不用刻意地去報什麼寫作班，就會有自然流暢又有思想的表達。

　　既然閱讀如此重要，那麼從小培養孩子的閱讀能力就顯得尤為必要。

　　兒童書面語言發展的關鍵期一般在 4 歲到 5 歲，這時候的孩子可以理解文字、圖片和其代表的意義，那麼我們就可以從此時開始培養孩子的識字閱讀能力。家長具體從哪方面著手呢？首先從閱讀方式上我們可以選擇：

　　圖畫閱讀。對於 4 歲到 5 歲的幼兒來說，基本上不認識國字，或者有很小的文字儲備量，而我們又想培養孩子的閱讀習慣，這時候繪本就是一個很好的選擇。兒童的繪本大多配色豔麗，人物比例誇張，或者動物擬人化，符合孩子的審美，很容易吸引孩子的注意力，可以激發孩子的閱讀興趣。另外，孩子識圖和閱讀時大腦會有相似的反應，都可以刺激語言中樞的發展和成熟。

　　所以，我們就可以在孩子的這個年齡階段，多準備一些繪

本，並且堅持和孩子一起閱讀，這是建立孩子閱讀習慣的基礎。

指讀。指讀是指在閱讀時，一邊用手指著字，一邊讀出字的讀音的讀書方法。隨著孩子的年齡增長，文字儲備量在增加，家長可以不再僅限於繪本，在孩子由識圖到識字的過渡期，我們就可以採用指讀的方法逐漸增加孩子的詞彙量，提高孩子的閱讀速度。

研究證明，在父母為孩子指讀時，孩子能保持較長時間的注意力，也就是能夠保證閱讀效果。另外，為了保證指讀的效率和速度，使指讀達到最好的效果需要注意幾點：

閱讀不能長期依賴指讀，指讀只是剛接觸文字閱讀和自主閱讀之間的過渡時期，適用於剛開始接觸文字閱讀的孩子。當孩子的識字量和閱讀能力達到自主閱讀的時候，就要捨棄指讀。

指讀並不是一個字一個字指著讀，剛開始可以跳躍指著詞語去讀，再逐漸變成指著整句去讀，逐步增加一點難度，才能達到提升閱讀能力的效果。同時從識字訓練上我們也有幾種方法可供參考。視點訓練。這一訓練方法基於著名的腦力開發科學家威‧溫格的視點訓練法和美國心理學家斯佩里（Roger Sperry）和麥伊爾斯的左右腦技能優勢論。主要目的是為了提高孩子認讀國字的速度。

人的大腦分為左、右兩個半球，其中左腦主要負責處理語言、邏輯、數學和次序；右腦負責處理節奏、旋律、音樂、影像和幻象，科學研究表明，右腦在閱讀時發揮了非常重要的作

第五章　能力養成：從玩樂到實力的蛻變

用，而將左右腦有機協調則能有效提高學習效率。這一訓練法就是將左右腦結合的識字訓練。

具體的操作方法如下：

第一步，先準備大小為 18cm×13cm 的白色硬卡紙和普通白紙若干。第二步，將想要學習的國字和其相對應的圖片列印到普通紙上。這裡需要注意的是，國字可以選擇不同的字體，如宋體、楷體等，影像也要選擇同一個國字代表的不同形象，比如「花」可以選擇不同種類和不同顏色的花。

第三步，處理硬紙板。先在紙板中間畫出一道豎線，將紙板分為左、右兩部分，再在整張紙板的中心畫一個小十字。

第四步，將國字和圖片貼在硬紙板上，國字貼在右側正中間，圖片貼在左側正中間。

按照以上步驟製作完畢後，就可以開始訓練了。

家長將所有的硬紙板放在一起，然後抽取其中一張，在孩子面前快速呈現，卡片的展示時間不超過一秒鐘。隨後讓孩子說出剛才的字是什麼，每張卡片皆是如此。

視點訓練有助於孩子快速識記國字，增加詞彙量只是提供了閱讀的基礎，要想提高閱讀能力還是需要將卡片訓練的文字應用到實際中，這樣才能將識字量轉化為閱讀能力。

除了視點訓練的訓練方法，家長還可以玩一些其他的詞彙量遊戲，比如詞語接龍、事物分類（家長說出某一類事物的名

稱，孩子說出具體的事物，比如家長說「動物」，孩子就說出「貓」、「狗」、「兔子」等)。

除了這種刻意練習，日常的機會教育則更簡單也更自然，其實只要我們細心觀察，日常生活中也有很多提高詞彙量和有助閱讀的機會。比如我們平常看到的廣告單、宣傳單等，大多色彩豔麗吸引人的目光，小孩子同樣感興趣，這時候我們就可以像看繪本一樣為孩子講解圖畫和文字。再比如帶孩子出去逛街或者遊玩，大街上的廣告牌、街道名稱、宣傳標語、超市的商品名稱等，到處都是圖文結合的展示，這是很好地結合語境理解和識字的機會。

表達能力：清晰說明比話多更重要

童童的媽媽最近正在為一件事煩惱，童童已經到了幼兒園的入園年齡，卻遲遲不敢送童童去幼兒園。原因是童童表達能力很差，日常對話溝通有問題。

童童開口說話本來就晚，兩歲多才開始會說單個的字，比如「吃」、「痛」「水」。童童的父母並未重視，認為孩子大點就好了，只要聽力沒問題，還能學不會說話嗎？於是就沒有做什麼干涉，而且童童的家長和童童之間似乎有一種默契，每次童童想要什麼東西或者有什麼要求時，剛開始著急表達不出來嗯嗯啊啊半天，媽媽就直接將東西拿來或者直接滿足孩子的要求。

第五章　能力養成：從玩樂到實力的蛻變

童童剛開始還是可以用單字，比如「餓」、「渴」、「飯」、「乾」（餅乾）等來表達要求，當家長透過意會就明白了童童的意思後，童童就乾脆只說「這」、「那」來代替，當媽媽詢問：「你要的是這個優酪乳嗎？」童童只需要回答「是」就可以達到目的了。

等到孩子快上幼兒園了，童童媽媽才發現問題的嚴重性，童童不會表達基本的需求，有了什麼問題更沒辦法和老師說明白，這才開始著急，但是語言和表達能力又不可能一夜之間變得流利順暢，為此童童媽媽又著急又不知怎麼辦。

很多家長會和童童媽媽有著相同或相似的煩惱。孩子說話晚，說不清，大舌頭甚至結巴，都讓家長頭痛不已。

語言是人類獨有的表達方式，是區別於其他動物的一種高級思維活動。是我們用來傳遞資訊、表達情感、溝通和交流的最重要的工具。

語言表達能力可以體現一個人的學識、修養、知識儲備量、情商。可以說語言表達能力的高低反映了心智慧力的差異。語言智力是人類的第一智力，是發展其他智力和社交能力的關鍵因素。口才好的人善於組織語言，能將話題講得引人入勝。業務員、保險員、教師、律師、管理者、企業家、商店老闆……各種職業都離不開語言表達，在現代社會，語言表達能力不再是某個行業或者職業的特定要求，擁有好的語言表達能力已成為各行各業的必備技能，能為個人形象和工作能力加分。

語言表達能力的重要性無須再強調，我們還是來看如何能

夠獲得這樣的能力。想要獲得有效的方法，就得知道根本的原理。我們先來了解語言學習的大腦原理。

在我們的大腦中有專門負責語言活動的區域，他們以兩位醫生的名字命名，分別是：「布洛卡區」和「威尼克區」。布洛卡區位於大腦左側下回蓋部、三角區和前腦島，負責語言的組織，因此也叫「說話區」；威尼克區位於左腦顳上向後部，負責語言的理解，也叫「聽話區」。人類可以說話的原理就是：從視覺皮質接受刺激先傳遞到威尼克區，理解了語言的含義，再傳到布洛卡區組織語言，最後透過運動皮質控制嘴巴發出聲音，說出想說的話。

同時連結這兩個區域的部位叫做弓形束，弓形束、布洛卡區和威尼克區共同構成人類的基本語言神經網絡。科學研究顯示，當人們接收不同語言刺激時，大腦的語言神經網絡各個區域會有不同的反應。

有研究顯示，嬰兒從3個月開始就會咿咿啞啞地喃喃自語，這時候的發聲雖然是無意義的，卻表明嬰兒在為語言的產生做準備，而且就算是聾啞父母的孩子也會在這一時期有同樣的行為，也會發出這樣的寶寶語。但是隨著時間的推移，情況就發生了不一樣的轉變，普通家庭的寶寶會接收到更多的語言資訊，寶寶不斷模仿和學習，喃喃自語最終會演變成開口說話，而聾啞人的寶寶則沒有這樣的語言刺激，也沒有模仿的對象，漸漸喃喃自語就消失不見。但是後天如果對聾啞人的寶寶刻意

第五章　能力養成：從玩樂到實力的蛻變

訓練，還是可以開口交流，學會說話的。

嬰幼兒時期到兒童時期是語言發展的關鍵期，這個時期，如果孩子的語言神經網絡得到充分刺激，那麼就會增加詞彙量，提升語法能力，反之沒有充分的刺激則會影響語言表達能力，甚至延誤語言學習的時機。

語言表達能力的學習雖說是一項終身學習的事業，而幼兒時期是人類語言發生和發展的關鍵期，這時期嬰幼兒語言已經開始萌芽，而且有很強的好奇心和模仿力，要想孩子語言表達流暢，需要抓住這個關鍵時期。嬰幼兒時期可以採取簡單一些的方法。

首先是聽音訓練。

練習的方式是孩子根據大人發出的指令，拿取相應的東西或者做出相應的動作。

比如大人可以在孩子面前分類擺放各種物品，有食品、玩具、日常用品等，大人發出指令：「請拿一個積木」或「請拿一盒牛奶」等。或者是父母發出指令，**寶寶做相應的動作。**「請拍拍手」、「請搖搖頭」等。需要注意的是大人發出指令後不能有語言的提示，也不要心急，剛開始孩子可能不太理解，需要大人耐心引導。如果孩子感興趣也可以趁機練習情緒方面的表達，比如：「你開不開心啊？」、「好不好玩啊？」可以更好地促進孩子對語言的理解能力。

表達能力：清晰說明比話多更重要

猜人物。可以拿著家裡人的照片或者影片給孩子看，等孩子熟悉後，家長再指出某一個人問孩子：這是誰？等孩子都可以回答後，可以將問題反過來問，比如：哪個是爸爸？哪個是奶奶？或者改變問題：爸爸喜歡什麼？奶奶怎麼走路？

扮家家酒。家長可以和孩子一起玩扮家家酒遊戲，用家中現有的玩偶和玩具就可以。家長充當玩具的配音，從最簡單的打招呼開始，引導孩子說你好，然後贈送小禮物說謝謝，不小心誤傷小朋友說對不起，最後分開說再見等。

這樣簡單的對話不僅可以訓練孩子的語言表達，也能有助於孩子在與人相處時養成禮貌的好習慣。

兒歌訓練。可以選取一些帶動作表演的兒歌，家長首先示範，邊念兒歌邊做動作，比如〈手指歌〉。

第一句「一根手指頭呀，變呀變呀變，變成毛毛蟲呀，爬呀爬」。

念出「一根手指頭呀」家長可以雙手都伸出一根手指，「變呀變呀變」可以用左右手的手指做轉圈的動作，「變成毛毛蟲呀，爬呀爬」手指模擬毛毛蟲爬動的姿勢。

兒歌訓練是非常簡單和帶有趣味性的，同時還能訓練孩子的語言表達能力和肢體協調能力。

隨著孩子的語言理解能力、表達能力的提升，2歲以上的孩子可以選擇比幼兒訓練更複雜一點的遊戲和方法來訓練語言。

第五章　能力養成：從玩樂到實力的蛻變

講故事。講故事可以是孩子複述聽到的故事，也可以是看圖說故事。

父母可以選取經典的童話故事，選擇安靜的時刻為孩子講述，等孩子完全熟悉這個故事後，就可以讓孩子嘗試著複述故事情節。需要注意的是，一個故事需要父母反覆講，孩子才能理解和記住，另外，一開始不要操之過急，如果孩子複述不流利或者表達不準確，父母也可以提醒或者糾正。

看圖說故事則是更有難度的訓練，家長需要為孩子準備一些圖畫，3歲以內選用單幅畫，再大一些的孩子可以選擇多幅畫。畫中的形象要簡單、突出，情節也要清晰明瞭，剛開始訓練，父母可以問一些引導性、啟發性的問題：圖畫中都有誰？他們在什麼地方？他們正在做什麼？孩子都理解並回答後，父母可以嘗試問一些和情節有關的但是是畫面外的問題：他們在說些什麼呢？想些什麼呢？經過家長的逐漸引導，直到孩子能夠看到圖畫就可以描述一個簡單的故事。

這樣的訓練非常有助於引發孩子的積極性和發揮孩子的想像力，提升孩子的語言表達能力。父母平時可以多多嘗試。

角色扮演。父母可以透過和孩子扮演一些生活中常見的職業來提升口語表達。

比如孩子都喜歡玩的購物遊戲。遊戲開始，可以先由家長扮演超市的售貨員和收銀員，而孩子扮演顧客，「售貨員」需要先向「顧客」介紹商品：「請來看看新到的水果，蘋果又大又紅，

吃起來又脆又甜，快買回家嘗一嘗啊！」「看這個小熊玩偶，渾身上下都是棕色的毛，圓圓的腦袋，胖胖的肚子，還戴了一個粉色的蝴蝶結，軟軟的毛茸茸的多可愛呀，把它帶回家當你的好朋友吧。」等「顧客」決定購買的物品後，「收銀員」負責掃條碼收款，「顧客」帶著物品離開。然後角色互換，孩子扮演售貨員和收銀員，父母扮演顧客，遊戲繼續。

角色扮演過程中孩子會模仿父母使用的語言和動作表情，不僅訓練口語能力，還能增加生活體驗，學會生活技能。

以上的方法都是一些刻意的練習，學習語言最好的機會就是實際運用，平時多與孩子交流，多帶孩子和其他的同齡玩伴玩耍，多運用場景教學，並鼓勵孩子多說話。在不知不覺中孩子獲得了訓練，提升了表達能力。

感知能力：善於觀察、準確判斷的基礎

感知能力其實是感覺和知覺能力的綜合。

感覺又分為內部感覺和外部感覺。內部感覺有運動覺、平衡覺和內臟覺等，外部感覺主要有視覺、聽覺、味覺、嗅覺、膚覺。其中皮膚覺又可細分為痛覺、溫覺、冷覺等。感覺就是我們的大腦對直接作用於各種感覺器官的客觀事物的個別屬性的反映。也就是我們的眼睛、耳朵、嘴巴、鼻子、皮膚在受到外界物理刺激時，大腦中的反映。

第五章　能力養成：從玩樂到實力的蛻變

比如我們面對一個榴槤的時候，我們眼睛可以看到它表皮的尖刺，鼻子可以聞到它濃郁的味道，嘗一口能感受到它果肉的綿軟。但是眼睛只能看到外表卻不能感知它的味道，鼻子也只能聞到它的味道而不知道它的外表。感覺器官只能反映榴槤的個別屬性。

知覺與感覺不同，知覺是大腦對於作用於感覺器官的客觀事物整體屬性的反映。

當多種感覺共同作用時，大腦對外部刺激分析整合，我們才能有完整的「榴槤」的概念。

感覺是大腦對客觀事物個別屬性的反映，知覺是大腦對客觀事物各種屬性的整體反映。感覺是知覺的重要組成部分，是知覺的前提和基礎。

知覺則是感覺的深入，我們的感覺越豐富、越精確，知覺才會越完整、越準確。

感知能力的發展對於孩子的成長有很大的影響。如果孩子的視覺發展失調，孩子可能就會在寫字時大小不一，閱讀時刪字增字；如果孩子的聽覺因為感知力弱而變弱，則會無法集中注意力，聽不進別人講話，記憶力差，東西放在哪裡轉頭就忘；如果孩子的觸覺遲鈍，則會導致小肌肉發展不足，動作缺乏靈活度，相反如果觸覺過於敏感，則會對新刺激產生不適應，不喜歡陌生人和陌生環境，缺乏自信等。

所以感知力影響孩子的適應和認知能力，影響孩子的生理

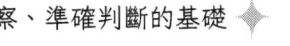

和心理發育，培養和發展孩子的感知力非常有必要。

在培養感知力前我們需要來判斷孩子知覺發展的程度，從而進行有效的訓練。

知覺大致上可以分為三個知覺，一是形狀知覺，二是大小知覺，三是方向知覺。家長在判斷時，可以分別從這三個方面著手。

一、判斷形狀知覺程度

2歲到6歲是孩子發展形狀知覺的重要階段，在這個階段，家長可以從孩子對圖形的認知能力、分解與組合能力、知覺辨認能力這三種能力分別判斷孩子的形狀知覺程度。

認知能力

根據相關研究表明，不同年齡層的孩子對形狀的認知不同。通常3歲左右的孩子可以認出圓形、正方形、三角形等簡單圖形；4歲的孩子能認出橢圓形、長方形、菱形和梯形；5歲到6歲的孩子能認出正五邊形、正六邊形、平行四邊形等幾何圖形，以及立方體、正方體、球體等立體圖形。針對不同年齡的孩子，家長可以使用一些不同的平面圖，幫助孩子認知幾何圖形和立體圖形。

分解與組合能力

不同年齡的孩子對圖形的分解與組合能力也有所不同。3歲左右的孩子可以將1個正方形變成2個三角形；4歲到5歲的

孩子可以將一個梯形分成 1 個長方形、1 個和 2 個三角形；6 歲的孩子能夠將身邊的事物分解成基本的幾何圖形，比如把公車分解成 4 個圓形和 1 個長方形。家長在判斷孩子的分解和組合能力時，可以把身邊的事物當作模型，帶領孩子分析事物中的形狀。

知覺辨認能力

隨著年齡的增長，孩子對複雜圖形的知覺辨認能力也會不斷提高。如圖，3 歲左右的孩子只能了解一部分複雜圖形，而 6 歲孩子能夠基本認知所有的三角形、矩形和圓形。

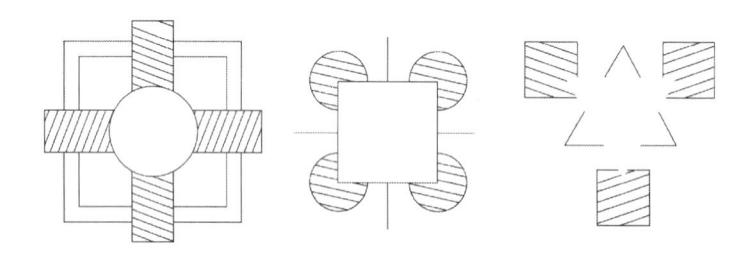

總體而言，辨認圖形是 2 歲到 6 歲孩子學習幾何數學的基礎，因此家長在這個階段要多培養孩子對各種形狀的認知和操作能力。

二、判斷大小知覺程度

大小知覺需要一定的經驗累積，孩子只有在看到很多東西之後，才能慢慢地辨認物體的大小。通常 2 歲到 3 歲的孩子只

能辨認一些平面圖形的大小，比如他們能夠分辨出圖片中的兩個蘋果孰大孰小。3歲到5歲時，孩子就能辨認出立體物體的大小，比如知道兩個玩具孰大孰小。

三、判斷方位知覺程度

知覺與閱讀有著緊密的連繫，很多有閱讀障礙症的孩子，之所以分不清楚「bdpq」這些字母，就是因為左右不分。因此，方位知覺的發展對閱讀的影響很大。

通常2歲到3歲的孩子能夠辨別上下方位；3歲到4歲的孩子能夠辨別前後方位；5歲左右的孩子基本能夠以自身為中心，辨別出左右方位；6歲以後，孩子的方位知覺發展基本成熟，可以完全正確地辨別上、下、前、後四個方位，但在左右方位的辨別上還有些困難。所以在訓練孩子的方位知覺時，家長最好及早訓練孩子的左右辨別能力。

了解了孩子的感知覺發展程度，接下來我們來看具體的訓練方法。觀察力對感知力的建立具有重要的影響，訓練觀察力有助於感知力的提升。

看圖識物。根據不同年齡層孩子發展的程度，分別可以用實物圖畫、簡筆畫和影畫的方式來對孩子進行訓練。

實物圖畫適用於2歲以下的幼兒，家長可以直接拿各種實物圖片或者印有實物的繪本來陪孩子識物。2歲以上就可以用簡

第五章　能力養成：從玩樂到實力的蛻變

筆畫，直接用簡單的線條將物品的輪廓和主要特徵描繪出來，或者用影圖的方式，可以利用皮影展示的原理，只將物品的輪廓展示出來讓孩子來辨別和了解。在用簡筆畫和影圖識物時，家長可以將實物與圖畫放在一起對比，幫助孩子更好地了解物體的特徵，建立大腦感知覺連繫。

此外同屬於識物訓練範疇的還有不同角度識物和不同形狀認知等。

數字識別。此方法適用於3歲以上的孩子，方法很簡單，只需要準備一些數字卡片或者掛圖，帶領孩子從最簡單的個位數1、2、3開始認知，逐漸增加為兩位數或者三位數。辨識數字可以用聯想的方法，比如1像鉛筆，2像小鴨，並且對於相似的數字如6和9就要讓孩子重點區分。數字辨識也可以提升孩子的觀察能力。

方位辨別。方位的辨別影響著大腦很多高級功能的發育。及早訓練有助於提升觀察力和感知力。

3歲以上就可以訓練孩子辨別上下前後，4歲以上重點訓練左右的辨別。這有一些小遊戲，父母可以在紙上畫出做出不同動作的左手和右手，或者不同方位的人物，然後讓孩子回答哪個是左手，哪個是右手，以及誰站在誰的左邊或者誰在誰的右邊。

找不同和找相同。

找不同就是準備兩張圖畫，兩張圖畫中只有一處或者幾處不同，讓孩子觀察兩幅畫，並且指出不同。找不同適合 3 歲以下年齡較小的孩子。

找相同遊戲則是給出一個例圖，然後在另一張給了很多干擾項的圖片中找出和例圖一樣的那個。找不同和找相同都是考察孩子觀察力的好方法，可以由簡到繁逐漸增加訓練難度。

孩子感知能力的成長發展和提升是一個綜合和複雜的過程，除了日常對觀察力的訓練，最重要的是要讓孩子動起來，多嘗試多參與，多嘗試沒做過的事，多參與家務勞動、課外活動，全方位地鍛鍊感覺和知覺，提升觀察力和對事物的判斷力。

專注能力：過動與專注並非對立

5 歲的優優是一個活潑好動的孩子，平時出去玩總是不停地亂跑，在家裡也是一刻不停，就算坐在餐桌上吃飯，也是扭來扭去，腿在桌子下面踢來踢去。但是優優很喜歡研究各種動物，平時看到和動物相關的節目、玩具或書籍他就會安靜下來研究半天。

這天爸爸媽媽要帶優優一起去動物園，優優非常興奮，對什麼都充滿好奇，活蹦亂跳，東看西瞧。他們開車來到了猛獸區，優優看見獅子和老虎就驚呼：「哇，真的獅子和老虎！太棒了！」可是優優過了一會兒就感覺沒意思了，動物園的獅子、老

◆ 第五章　能力養成：從玩樂到實力的蛻變

虎大多都在樹下或者草地上趴著閉目養神，不能互動也不能餵食，優優失去了興趣。可是在車裡又不能下去，於是便開始吵著要趕快離開這裡，他要去看猴子，媽媽示意優優安靜，耐心等待車子穿過猛獸區，優優點頭答應。

終於離開猛獸區來到了猩猩區，優優見到大猩猩十分高興，又是打招呼又是模仿，可是剛看了沒兩分鐘，優優就被旁邊的節尾狐猴吸引，蹦跳著就去看節尾狐猴，正看著，隔壁的一隻斑狐猴跳到了鐵絲網上，優優又被斑狐猴吸引；這時狒狒發出了爭搶食物的聲音，優優又跑去看狒狒……

剛開始爸爸媽媽還有精力和耐心，過了一會兒他們就覺得優優實在是太活潑了，一趟遊玩下來爸爸媽媽疲憊不堪，媽媽甚至懷疑優優是不是得了過動症。

過動症是一種腦功能輕微失調綜合症，又稱注意力缺陷過動症。過動症有很多典型的特徵，比如容易受外界刺激而分散注意力，常常一件事未做完又換另一件事，常常別人問話未完就搶著回答，在做作業時難以保持注意力集中等等。

但是過動症和活潑好動是有明顯區別的，首先，是注意力與興趣，過動症兒童沒有興趣愛好，無論什麼事都不能長時間集中注意力，但是好動的孩子在做自己喜歡的事情時就可以專心致志，並且不希望有人打擾。其次，過動症的孩子在公共場合不具有控制自己行為的能力，好動的孩子則具有控制力能保持安分不吵鬧。

專注能力：過動與專注並非對立

所以其實優優並不是過動症，只是注意力不集中，缺乏了點專注能力。我們判斷孩子是否缺乏注意力先要明白什麼是注意力。首先注意力分為有意注意和無意注意。有意注意也叫隨意注意，指有預定的目的，需要意志努力的注意。比如我們為了考證書，儘管很難很枯燥，還是靠意志力克服困難，認真上課，認真刷題，這就是有意注意。

無意注意也叫不隨意注意，指的是事先沒有預定目的，也無須意志努力的注意。比如我們正在認真上課，突然老師的手機鈴響了起來，那每個人都會不由自主地將目光投向老師。這是無意注意。再比如案例中的優優一次一次被其他猴子的聲音或者動作吸引，也是無意注意。

我們談論和關注的注意力一般是指有意注意。但是有意注意的關鍵點在於需要意志的努力，這對於很多成年人來講都有困難，更別提大腦發育不完全而且好奇心旺盛的孩子了。所以，面對孩子注意力不集中，缺乏專注力的表現，家長不要著急也不要訓斥孩子，而是需要了解孩子的專注力發展程度，然後耐心地引導和培養。

3歲至4歲的孩子，保持注意力的時間為3～5分鐘；4歲至5歲的孩子為10分鐘；5歲至6歲的孩子15分鐘左右。現在再來看優優在動物園猛獸區的表現，只是和同齡孩子相比，缺乏了點專注能力。

我們都知道專注力的重要性，專注力可以幫助我們提高工

第五章　能力養成：從玩樂到實力的蛻變

作和學習效率，還會獲得成就感和價值感，成就感和價值感反過來會更引發我們的積極性投入到下一輪的工作和學習中。這是表面上專注力帶來的良性循環。從長遠發展來看，專注力與孩子的思考問題能力和處理問題能力也有重要連繫。專注力會讓孩子更深入了解事物和問題的本質，激發思考，刺激大腦思維發育。

專注力並非天生就有，所以家長需要特意培養，讓孩子為以後的學習和自我成長打一個良好的基礎。在培養孩子早期專注力方面我們也可以從感覺的五方面著手，即視覺、聽覺、味覺、嗅覺、膚覺。

首先我們看視覺發育刺激。1個月左右的嬰兒眼睛只能看到距離自己 20～30 公分的物體，所以在孩子剛出生時就拿著玩具在他頭頂晃來晃去，其實沒什麼意義。但是嬰兒的視力發展很快，2 個月左右就可以兩隻眼睛同時注意一件物品。這個時候家長就可以多用一些顏色鮮豔的玩具來吸引孩子的視線，同時還可以用視線追蹤來刺激孩子的視力發育。另外需要注意的是強光對於嬰兒的眼睛有傷害，所以注意不要在嬰兒的頭頂用燈光直射，外出時也要注意戴帽子遮擋陽光。

嬰兒的聽覺發育早，在還是胎兒時候就有了，所以在媽媽懷孕 6 個月左右時，就可以給胎兒聽胎教音樂。出生後的嬰兒就能分辨不同的音色和音調，4 個月大就可以對熟悉的聲音有感知力，聽到熟悉的聲音會停下其他動作，7 個月有了辨別聲音方

專注能力：過動與專注並非對立

向的能力，所以這時候家長就可以用一些發出低分貝聲音的方式來和寶寶玩「找聲音」，訓練孩子的聽力和專注力。

嬰兒很多部位的觸覺在剛出生時就發育好了，比如手掌、腳底、眼睛、嘴巴周圍。也可以進行「抓」、「握」動作，這時家長可以給嬰兒一根手指讓他練習，也可以換一些不同材料無危險的玩具來讓嬰兒感受不同質感。除了嬰兒自己感受不同的觸感外，家長也可以用日常的動作來訓練寶寶的觸覺。比如洗完澡後撫觸寶寶的皮膚，每次 5～10 分鐘即可，一定要注意輕柔和溫暖；替嬰兒換尿布時，也可以輕輕撫摸。

當孩子逐漸長大，感覺系統發育完善，我們就需要培養孩子良好的習慣和自制力，以便擁有更好的專注力。

首先一個原則是「不打擾」。比如孩子正在玩自己喜歡的玩具或者看一本故事書，哪怕是蹲在路邊觀察野花野草，家長也不能以自己的理由去打斷孩子。很多家長因為吃飯時間到了，或者家長自己有事要辦就催促和生硬地打斷孩子，因為一時的「急」，破壞了孩子的節奏，失去了孩子遵循自己的興趣培養專注力最好的機會。

知道了這個原則，我們再來看一些具體的方法，專注力的訓練有很多簡單但是行之有效的方法，我們僅列舉其中幾項。

蘿蔔蹲。家長和孩子分別為自己取一個蔬菜或者水果的名字，比如爸爸是蘋果，媽媽是橘子，孩子是西瓜，遊戲中只能稱呼這些代號。遊戲開始，爸爸先說「蘋果蹲，蘋果蹲，蘋果蹲

第五章　能力養成：從玩樂到實力的蛻變

完，橘子蹲」，邊說邊做蹲起的動作。這時候「橘子」就要接過來說「橘子蹲，橘子蹲，橘子蹲完西瓜蹲」。依此類推，節奏逐漸加快。中間如果有人叫錯代號或者停頓時間太長則失敗。

這個遊戲需要活動人的各種感官和肢體，因此能讓注意力高度集中，同時也訓練了思維反應能力。

找數字。比如家長給出任意一串無規律的數字，20 個左右，裡面肯定會包含重複出現的數字。這時，家長可以給孩子指令：找出所有的 3，並在下面畫上橫線。或者找出相鄰數字相加等於 10 的數字等。同理，也可以找字母，還可以在一幅雜亂無章、堆滿各種物品的畫裡找出特定的某一個物品，比如在這幅畫裡找出一個粉色的三角形，或者找出一個戴著藍色帽子的小矮人。這樣的遊戲不但培養專注力，還可以學到知識，寓教於樂。

看鐘錶。原理類似我們玩的「木頭人」。家長和孩子比賽看著鐘錶保持不動，等秒針轉動一圈或者兩圈才可以動，並且搶到指定的物品，然後進行下一局繼續保持不動。這個遊戲同樣也可以使孩子高度集中注意力，並且能夠認識鐘錶，培養時間觀念。

舒爾特方格。這是目前用於培養飛行員和太空人注意力的最科學有效的方法。標準的舒爾特方格是在一張方形卡片上，畫上 1cm×1cm 的 25 個方格，格子內任意填寫上「1、2……25」的阿拉伯數字（如下圖）。訓練時，要求孩子用手指按 1～25 的數

字順序依次指出其位置,同時誦讀出聲,並記錄下完成所用的時間。數完所有數字用時越短,注意力程度就越高。

23	6	10	25	17
12	15	1	5	24
18	19	11	7	8
22	3	2	14	9
13	20	16	4	21

以下是各年齡層的注意力得分參考。

	優秀	中等	較差
5~7 歲	30 秒以內	46 秒以內	55 秒
7~12 歲	26 秒以內	42 秒以內	50 秒
13~17 歲	16 秒以內	26 秒以內	36 秒
18 歲及以上	8 秒以內	20 秒以內	20 秒以上

舒爾特方格透過動態的練習鍛鍊視神經末梢,練習越多,所需時間就會越短。由於在數數字的時候注意力需要極度集中,把這短暫的高強度注意力集中反覆訓練,大腦的專注力就會不斷被鞏固、提高,注意力程度就會越來越高。

◆ 第五章　能力養成：從玩樂到實力的蛻變

記憶能力：理解大腦運作，優化記憶力

大腦原理

　　1930 年代一位名叫潘菲爾德（Wilder Penfield）的神經外科醫生在為患者做治療癲癇的腦部手術時，發現用電極刺激大腦皮層的不同部位會引起身體不同位置的反應，這使他意識到大腦皮層與人身體之間的對應關係，於是便誕生了「潘菲爾德腦地圖」。

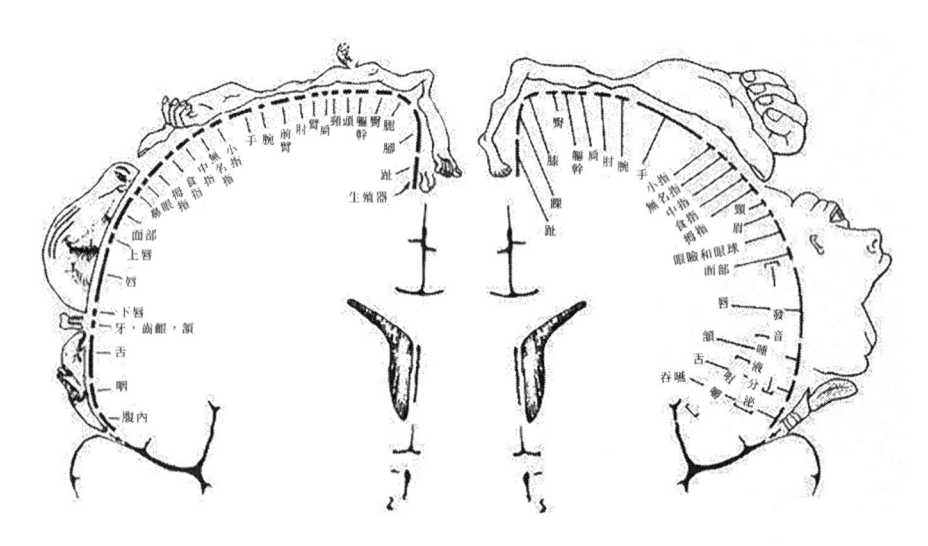

　　在圖中我們可以看到大腦的每個區域控制的身體部位，比如我們可以直觀地看到手和臉在大腦皮質中占的面積很大，這說明手和面部感覺的重要性。這一結果使人們對於大腦的工作原理和外界刺激對於大腦的影響有了初步認知。

假如把我們的大腦比喻成一臺電腦,那我們就可以看到並了解大腦的記憶原理。

電腦需要輸入訊息,然後存到相應的磁碟,等需要的時候再從相應位置調出開啟。也就是需要經過訊息獲取、編碼、儲存、提取的過程。

大腦也是一樣。我們的大腦獲取訊息主要靠外部或內部刺激給予的感知力,內部感覺有運動覺、平衡覺和內臟覺等,外部感覺是透過視覺、聽覺、觸覺、嗅覺和味覺,也就是看、聽、摸、聞、嘗等。如果缺失某些獲取訊息的器官,那麼我們就不能全面地接收外界資訊,如盲人無法透過視覺獲取資訊,就無法描繪顏色;聾人無法透過聽覺獲取資訊,就無法說話;患有痛覺缺失症的人,感覺不到疼痛,就會受內傷而不覺察,導致感染,病情加重。

即便感覺器官健康,也有其他因素影響我們的資訊獲取,比如我們上一節講到的注意力。集中注意力的孩子在上課和寫作業時就能比無法集中注意力的孩子獲得更多的資訊量。所以想要提升記憶力,注意力也是關鍵因素。

大腦接收到外界訊息後就開始編碼和儲存。編碼主要是為了方便檢索和提取。

我們知道大腦分為左、右兩個半球,左腦負責語言、文字、邏輯和分析等功能,右腦負責圖像、聲音、想像力和創造力等。而位於中間負責連結左右腦的結構叫做胼胝體,胼胝體是連繫

◆ 第五章　能力養成：從玩樂到實力的蛻變

左右大腦半球的纖維構成的纖維束板，它的主要功能是將大腦左右半球對應部位連繫起來，使大腦在功能上形成一個整體。那記憶是如何被儲存的呢？

當大腦接收到外界刺激後，會透過腦幹傳遞至丘腦，丘腦再將各種感覺訊息傳送到腦的各個部位，這些訊息經過額前葉，儲存為短期記憶，海馬組織將短期記憶轉化成長期記憶，再分門別類傳遞到大腦的其他區域，如與情感相關的記憶儲存在杏仁核，與色彩相關的記憶儲存在枕葉。

記憶的分類

了解了大腦的記憶原理，我們來看記憶的分類。從記憶時長來區分有：感覺記憶、短期記憶、長期記憶。

感覺記憶維持時間非常短暫，通常以秒或者毫秒計算，比如坐火車時窗外不斷變換的景物。

短期記憶是指能夠維持幾秒到幾分鐘的記憶，例如暫時記住一個人的電話號碼。

長期記憶是按照天或者年來計量，比如我們還能記起小學時候某一次丟臉的事情。

長期記憶又因為所儲存的訊息不同而被分為陳述性記憶和非陳述性記憶。陳述性記憶又分為語義記憶（例如各種事實：蝙蝠是哺乳動物，北京是中國的首都）和情景記憶（我今天中午去

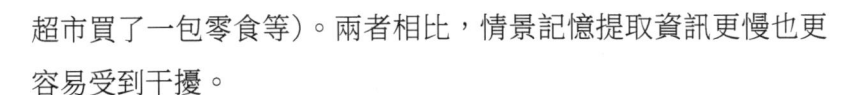

超市買了一包零食等）。兩者相比，情景記憶提取資訊更慢也更容易受到干擾。

非陳述性記憶又分為程序記憶（穿衣服、開車、彈琴）、啟動效應（比如曾經被狗咬過，再看見狗就會想起被咬經歷）、聯合型學習（條件反射）和非聯合型學習。

根據記憶的內容和經驗對象變化可以分為：形象記憶型、抽象記憶型、情緒記憶型和動作記憶型。

按心理活動是否帶有目的性可以將記憶分為有意記憶和無意記憶。既然都是記憶我們為什麼要分類呢？因為他們在編碼、儲存和提取上涉及的是大腦不同的神經機制。簡單來說：不同類型的記憶儲存的位置是不同的。

日常生活中的穿衣服、開車、彈琴都屬於程序性記憶，儲存在紋狀體、運動皮層、小腦及它們之間形成的神經網絡中，條件反射等聯合型學習被認為儲存在小腦、杏仁核和海馬體中。

艾賓豪斯遺忘曲線

艾賓豪斯（Hermann Ebbinghaus）是德國的著名心理學家，1885 年繪製了著名的艾賓豪斯遺忘曲線，該曲線對人類記憶認知的研究產生了重大影響。艾賓豪斯遺忘曲線揭示了遺忘規律：人們在學習中的遺忘是有規律的，遺忘的過程不是均衡的，不是固定的一天丟掉幾個，而是在記憶最初階段遺忘得最快，後來逐漸

第五章　能力養成：從玩樂到實力的蛻變

減慢，到了一定的時間，幾乎就不再遺忘了。觀察這條曲線就會發現，學習完新的知識如果沒有任何複習，知識在我們大腦中形成的只是短期記憶，一天後，我們的記憶只剩下原來的25%。

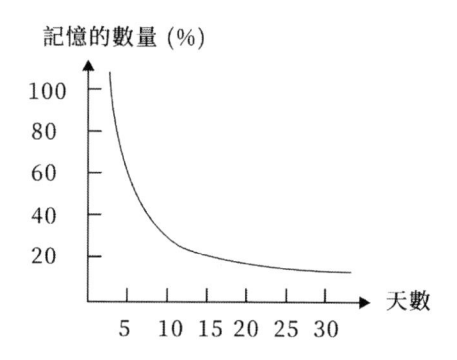

但是如果學習了新的知識過不久就進行複習，這些短期記憶就會成為長期記憶，長期在大腦中保存。這裡有一個實驗數據。讓兩組學生同時學習一段課文，甲組在學習後不久便進行複習，而乙組不複習，一天後對他們記憶的課文進行測試，甲組能保持98%而乙組只保持56%；一週後甲組保持83%，而乙組保持33%。

這就告訴了我們複習的重要性，將短期記憶變為長期記憶很重要的方法就是及時複習。同時艾賓豪斯還發現遺忘的過程還受除了時間因素以外的其他因素影響，比如人們最先遺忘的是沒有重要意義的、不感興趣的、不需要的、不熟悉的。

艾賓豪斯還在實驗中發現了影響記憶速度的因素。人們記住12個無意義的音節，平均需要重複16.5次，記住36個無意

義音節需要重複 54 次；而記住 480 個音節（六首詩），平均只需要重複 8 次。

這個實驗告訴我們，有意義的、被理解的知識能夠記得更加快速，所以死記硬背無法提升記憶力，只會事倍功半。

提升記憶力的方法

加拿大蒙特婁大學科學家發現，大腦具有驚人的可塑性，正常情況下與眼睛相連的視覺訊息處理與空間感知腦區也能與聲音訊息形成重新連接，在現實中的例子就是一些盲人眼睛看不到，但是聽力異於常人，更加敏銳和發達，就是這個原因。

既然大腦擁有如此強大的可塑性，那麼我們的記憶力透過訓練也是可以提升的。

這裡有一個原則就是必須要保持訓練的注意力集中。我們的大腦設計上並沒有同時處理兩件事的功能。即使我們覺得可以同時處理兩件事或者幾件事，也是一種錯覺。因為一條神經迴路打開，一條神經迴路就會被暫時中斷，有研究顯示駕駛過程中打電話會提升 29% 的事故發生率，但即使使用耳機或者免持，事故發生率也和用手持打電話差不多，就說明了這個原理，駕駛時接打電話，並不是因為一隻手被占用，而是因為大腦在進行多工處理。

所以對於學習和訓練記憶力來說，保持注意力是首要的。

第五章　能力養成：從玩樂到實力的蛻變

兒童提升短期記憶力的方法

想要提升短期記憶我們先要了解短期記憶力對我們工作和學習的重要性。

學生上課邊聽邊記筆記、同聲傳譯等都離不開短期記憶。再例如在自動化控制系統中，人們需要按儀表顯示的數據進行操作和控制，因此必須記住儀表顯示的數據，操作之後沒有儲存數據的必要，則被迅速忘記，記住數據就是短期記憶。

1. 說反話

這個遊戲有不同的玩法和難度，首先我們看最簡單的，家長可以隨機說出幾個數字，注意三個數字之間不要有順序規律。然後讓孩子反著說一遍，比如家長說 3、8、6，孩子就要說 6、8、3。當三個數字已經沒有難度的時候就可以再增加數字或者換成其他的內容，比如換成動物名稱或者一句簡短的話「我愛寶寶」。這樣的遊戲可以提升孩子的專注力，可以擴充短時空間記憶。

2. 看看你能記住幾個

這個遊戲的目的是訓練孩子的短期記憶容量。

首先父母準備 4 個常見物品，可以是玩具或者生活日用品，先將這 4 個物品用布蓋好，準備好後就要迅速揭開蓋布，再迅速蓋好，中間間隔不要超過 4 秒，然後讓孩子回答看到了哪些物品。經過訓練可以逐步增加物品數量，如果孩子記不住，也

可以減少數量，以免因為答不上來打擊孩子的參與感。

這個訓練多做會明顯提升孩子短期記憶能力。另外我們也可以做空間位置記憶的訓練。空間位置記憶是人對空間方位知覺能力的短期記憶。具體的方法有圖片訓練法。家長可以先準備兩張圖片，每張圖片都畫有 6 個植物，不同的是其中一張植物有 3 朵開花了，而另一張則沒有。家長需要把第一張開花的圖片給孩子看三秒鐘然後拿走，隨後拿出第二張圖片，讓孩子說出開花的是哪三棵植物。隨著孩子空間位置記憶的增強可以逐步增加參照物的數量，比如從 8 個當中找 4 個、從 10 個當中找 5 個等。

對於空間位置記憶的訓練我們還可以利用日常生活當中的很多機會，比如父母帶孩子到一個全新的環境，可以讓孩子先觀察周邊幾秒鐘，然後閉上眼睛說出周圍都有些什麼建築、什麼標示或者什麼植物等。這樣的訓練適合 6 歲以上的孩子。

空間位置記憶對於我們的學習和生活很重要。因為空間位置記憶包含兩個重要內容，分別是「是什麼」和「在哪裡」。處理這兩個資訊需要大腦兩個不同功能的聯結，透過訓練空間位置記憶，可以增強聯結，提高大腦處理資訊的速度。

轉化短期記憶學習

是獲取新知識和新技能的過程，而記憶則是對所獲取資訊的儲存和讀取過程，而我們希望獲得的學習記憶效果是將短期記憶轉化為長期記憶。現代科學研究認為，短期記憶是感覺記

第五章　能力養成：從玩樂到實力的蛻變

憶與長期記憶之間的緩衝，獲取的資訊進入長期記憶需要一定的時間，在未進入之前，被感覺記憶登記的資訊先在短期記憶中儲存，需要透過複述再轉入長期記憶。

如何才能將短期記憶轉化成長期記憶呢？短期記憶的儲存是透過電訊號和化學信號，而長期記憶則需要蛋白質的參與，這意味著大腦從物理結構上發生了改變。我們知道肌肉增長的原理，是原來的肌肉纖維撕裂後在恢復時會生成新的纖維，只有長時間的反覆鍛鍊才能增加肌肉的比例。短期記憶轉化為長期記憶類似於肌肉鍛鍊，所以當我們不斷重複提取短期記憶時，大腦就會生成新的神經元，迴路不斷強化。

我們前面講到了艾賓豪斯的遺忘曲線，我們知道了遺忘的規律就可以對其加以利用，提高我們的學習效率，提升記憶力。

首先，複習是非常必要的，而且必須是及時複習。學習完的知識我們要在當天及時複習，這裡可以嘗試用回憶法，比如我們在背誦課文或者古詩的時候，先誦讀幾遍，然後嘗試合上書回憶，當出現記憶模糊的地方便立即打開書本對照，或者在一段時間後用回憶法再來對照原文，可以更明顯發現自己容易遺忘的點。心理研究顯示，回憶法比單純的反覆識記記憶效果好，因為我們在回憶知識時，心態更加積極，注意力更加集中。

其次，對於知識的透澈理解更有助於我們的記憶，使我們記得快還能記得牢，這裡推薦一種經典的學習方法——費曼學習法。

費曼學習法源自諾貝爾物理學獎得主理查·費曼（Richard Phillips Feynman）。費曼學習法的目的和結果是可以確保人們對事物的理解更加透澈。總體可以分為四個步驟。

首先，想像自己要把知識教給一個小孩子，當你自始至終都要用孩子可以理解的語言來解釋清楚，就會避免一些複雜詞彙和行話來掩蓋其實自己也不明白的地方。你可以簡化觀點之間的關係和連繫，就會清楚地知道自己哪裡還有不明白的地方。

其次，在講解過程中你會忘記重要的點或者不能將重要的概念連繫起來，你會發現自己知識的局限，這時候就需要回到原始資料，重新學習，直到可以用簡單的話語將之前不會解釋的地方表述清楚。

再次，需要檢查自己的語言足夠簡化，並且沒有從原資料照搬任何話。最後，就需要把這個知識講述給一個孩子聽。檢測知識最終的途徑是你是否有能力把它傳播給另一個人。這種方法會讓我們對於知識有更為深入的理解，當我們對知識的理解更為透澈時，自然記得更久更牢。

控制能力：
控制能力：如何教會孩子處理問題與情緒

「我兒子小雨明明自己會刷牙，從幼兒園小班就已經學會了，大部分時間也能自己刷牙，但一個星期總有那麼兩三天，

第五章　能力養成：從玩樂到實力的蛻變

孩子哭著鬧著死活不肯自己刷牙，還讓我們幫他刷。尤其在早上時間緊張的時候，簡直亂成一團，不幫他刷就一直吵，太無理取鬧了，吵得我頭都大了，有時候真想揍他兩下。」

當家長發現孩子太過無理取鬧、太撒野的時候，這其實是孩子的控制能力不夠的表現。家長們總是希望自己的孩子能夠滿足我們的「絕對化要求」，也就是說孩子「完全自控，不能懈怠」，不能出錯、不能退步，最好是一說就改，再也不犯。當然這對於孩子來說太難了，但是減少犯錯的次數這點透過家長訓練，孩子還是能夠達到的。

日常生活中時時刻刻都需要控制能力，比如孩子刷牙洗澡、飯前洗手等生活習慣，不動手動腳、用嘴巴表達等社交習慣，上課不隨便說話、到家之後先寫作業然後再玩等學習習慣，這些事情都需要孩子的自我控制能力。

自我控制能力就是指透過自我調節，改變自己的行為，讓別人和自己都滿意的能力。它之所以難，就是因為很多時候，我們即使知道我們應該怎麼做，甚至是我們已經做到了，但這也並不意味著我們可以一直心甘情願地去做這件事情，更不意味著我們以後不會懈怠。對於成年人來說都這麼難，對孩子來說會更難。

很多時候孩子做不好，不是孩子不想做好，也不是態度有問題，只是他們的控制能力有問題。發展心理學中，將兒童的自我控制程度分為三種：

第一種：自控過低。

這個程度孩子的自控能力較差，容易分心，也容易衝動，無法延遲滿足自己，想要的必須立刻滿足，否則就會像上面事例中的小雨一樣，又哭又鬧。

第二種：過度自控。

這個程度的孩子大多不直接表達自己的需求和情緒，比較沒有主見，常常過度延遲自己的滿足。在學校和家裡較少惹麻煩，通常容易被家長和老師忽視，容易出現焦慮、緊張等情緒。

第三種：自控能力最適宜。

這類孩子通常被稱為「彈性兒童」，家長對於他們「管得住，放得開」。

自控能力最合適的孩子，能隨著環境的變化調節自己的控制程度，在需要控制自己的時候，能夠管住自己，在不需要控制自己的時候，就能夠及時地放鬆自己，也就是我們常說的「既會學，又會玩」的孩子。

比起第三種能夠控制自如的孩子，前兩種自我控制的孩子是我們生活中最常見的，尤其是第一種自控能力過低的孩子。你的孩子的自控能力又如何呢？如果無法判斷，家長可以這樣測試一下：

如果孩子想要吃巧克力，家長就可以跟孩子商量，有兩個選項可以供他選擇。

第五章　能力養成：從玩樂到實力的蛻變

第一個，今天不吃，明天可以吃兩個。

第二個，今天吃一個，但是明天就沒有巧克力可以吃了。家長讓孩子做出選擇，一般自控能力好一點的孩子都會選擇第一個選項，因為雖然延遲了自我滿足，稍後卻可以得到兩個巧克力。透過這種方式，家長就可以很容易判斷孩子的自控能力如何了。

現實生活中，如果孩子缺乏自控能力會帶來哪些危害呢？

首先，孩子缺乏自控能力，如果無法及時滿足他的要求，就會容易急躁、發脾氣，甚至變得沮喪。

其次，孩子缺乏自控能力，那麼就很難遵守規則，更難以融入群體中。由於控制能力匱乏，容易受別人的影響，無法堅定自己的想法，對於人際交往方面的控制力也會非常弱。

最後，孩子缺乏自控能力，就沒有辦法控制自己的欲望，無法忍受長時間的等待，對生活和學習的控制能力非常弱，想要實現長期目標也會非常難。

科學研究證明自控能力好能為孩子的未來帶來更好的生活品質，而缺乏自制力的孩子在人際交往、社會生活、情緒管理等方面都會缺乏競爭力，對未來的生活、工作都有很大的影響。

自我控制能力是天生的，它來自大腦前額葉皮質，是由大腦中的生物能量決定的。這樣一來很多的家長就會產生疑問，那我孩子的自控能力難道就沒救了嗎？當然不是，大腦前額葉

控制能力：控制能力：如何教會孩子處理問題與情緒

皮質是一種類似「肌肉模型」的物質，就像我們可以鍛鍊我們的肌肉一樣，也是可以鍛鍊的。也就是說，自控能力的先天不足，可以透過後天的努力、針對性的訓練補足。

那麼家長該怎樣幫助孩子，培養他們的控制能力呢？

心理學家一般將控制能力分為兩個方面，分別為控制自己的情緒和控制自己的行為。

週末的時候，媽媽和4歲的君君一起在家休息。君君一個人專心致志地玩著積木，一會兒把積木堆成高樓，一會兒又把積木擺成長龍，玩得可開心了。看著他沉浸在自己的世界裡，媽媽放心地走到一邊，準備做些事情。可誰知還不到10分鐘，媽媽就聽到君君「哇」的一聲哭了出來。

媽媽趕緊跑過來，安慰君君，仔細一問，原來是因為君君想要堆一個城堡，但是怎麼也堆不好，一時著急就哭了起來。

聽了理由的媽媽哭笑不得：「城堡沒堆好，君君覺得很傷心對嗎？」君君悶悶不樂地點頭。

「這是很正常的事情啊，媽媽有時候遇到問題解決不了也會感覺很難過的。但是我們可以想辦法解決它，對不對？」

「你可以找媽媽來幫忙，或者等爸爸下班回來，讓爸爸替你出主意，看怎麼樣才能堆出好看的城堡。」

君君明白地點點頭，隨後在媽媽的幫助下，堆好了城堡。看著好看的城堡，君君開心地笑了。

第五章　能力養成：從玩樂到實力的蛻變

問清原因，教會孩子解決問題

有時候孩子遇到問題不能馬上解決，就會發脾氣，不能控制自己的情緒，遇到這種情況，家長首先不要責罵孩子，要先弄清楚孩子情緒失控的原因是什麼，然後再幫孩子解決問題。這樣在家長的引導下，孩子學會如何去解決問題、想辦法，而不是用哭鬧、發脾氣的方式，任由壞情緒繼續蔓延，慢慢地孩子就會逐漸控制自己的情緒了。

延遲滿足，轉移孩子的注意力

當家長面對孩子的某種要求的時候，可以嘗試先不著急拒絕或者滿足孩子，讓孩子等一等，用別的事情或者玩具轉移孩子的注意力，透過延遲滿足的方法去培養孩子的控制能力。

遵守承諾，加深孩子的信任

家長常會在孩子哭鬧或者沒辦法的時候給孩子一張「空頭支票」，事後再轉移孩子的注意力，讓孩子忘記這件事。家長以為這樣哄一哄，孩子很快就會忘記了，但是事實上，家長的一次次食言，讓孩子對家長的信任感一點點瓦解，甚至對孩子的自控能力產生了負面的影響，久而久之家長的這種「空頭支票」就不再管用了。因此如果家長答應孩子某件事情，即便事情再小也一定要遵守承諾，讓孩子產生信任感，這樣在家長言傳身

教、潛移默化的影響之中，孩子也會開始學會自控，變得越來越優秀。

養成良好習慣，讓孩子開始做計畫

孩子就是一張白紙，家長怎麼教育就會呈現出什麼樣的作品，聰明的家長都會鼓勵孩子做計畫，養成良好的習慣。當孩子學會做計畫，並且每天嚴格遵守的時候，孩子的自控能力就在逐漸加強，即便是想要做一些計畫以外的事情，也會有意進行控制。一般計劃能力強的孩子，自控能力也會比較強。

父母是孩子的第一任老師，也是孩子最親密的人，孩子會成長為什麼樣的人，也都和家長的教育有關。越早培養孩子的自控能力，越能讓孩子在未來的社會競爭中脫穎而出，不要讓孩子的「無理取鬧」毀了他自己的未來！

社交能力：情商教育的啟蒙階段

我們先來了解一下不同年齡層的孩子社交能力的發展。

第一階段　自娛自樂

這個階段出現在1歲以前。1歲以內的孩子喜歡獨自玩耍，喜歡長時間反覆玩一個玩具，或者長時間盯著一個東西，

◆ 第五章　能力養成：從玩樂到實力的蛻變

即便不是玩具，隨便一個日常用品甚至是自己的手指也都可以玩很長時間，並且樂在其中。這並不代表孩子不愛與人玩耍和交往，也不是獨立的表現，而是因為這時期的孩子還並不懂與他人合作和社交，他們還在自我確認階段，確認自己的身體部位，確認自己的爸爸媽媽，確認自己生活的周圍環境。

所以這一階段的孩子沒什麼社交需求，也沒什麼社交必要，更提不上培養什麼社交能力，家長只需要讓孩子順其自然地發展和探索就可以。反而有時候因為某些家長不懂得孩子的發展階段而操之過急，會適得其反，破壞孩子心底的安全感。

第二階段　萌芽階段

1歲至2歲的孩子處於早期社交能力的萌芽期。這一時期的孩子開始覺察到其他同年齡層的孩子，並會表現出和同齡人接近的意願。但是這一時期的孩子多是以自我為中心，並不懂得如何與同伴進行交流和相處。

所以對於萌芽期的孩子，家長可以多帶孩子出去，並且和同齡的小朋友多接觸，即便孩子之間會發生爭搶玩具的現象，家長也不要擔心和過分干涉，一是因為這一階段的孩子的爭搶並不是有意的欺負或者強勢，他們只是還分不清「你的、我的」；二是因為這樣的爭搶並不是壞事，反倒正是孩子在實際的相處和磨合中提升社交能力的好機會。反之家長如果因為覺得這一時期的孩子開始變得不像1歲前那樣「聽話」，出於擔心和其他

孩子發生衝突而減少孩子與同齡人的接觸，則會妨礙孩子社交能力的發展。因為每個階段有每個階段的發展特點，錯過了這一階段的發展，就無法倒回彌補了。

第三階段　過渡期

經過了萌芽期，2歲至3歲的孩子會逐漸自然尋找同齡人玩耍，這一時期多數時候還是自己玩自己的，但是孩子之間會相互模仿，比如一個孩子從臺階跳下，另一個也爬上臺階再跳下，一個小朋友去玩溜滑梯，一群小朋友都奔跑著向溜滑梯跑去。但是他們又隨時可能分別被其他事物所吸引，然後各自去玩各自的。

家長要做的就是在保證孩子安全的前提下，鼓勵孩子去盡情玩耍和交朋友。在孩子遇到紛爭時，先不要忙著判斷對錯，更不能喝斥或者威脅，因為這會打擊孩子社交的自信心，家長應該盡量不干涉孩子的遊戲內容，就算有矛盾衝突也都是無傷大雅的，家長需要帶著尊重的態度問明事情的緣由，然後給出合理的建議，目的是安撫孩子的情緒並且保護孩子的自尊與自信心。

第四階段　合作期

經過了萌芽期和過渡期，4歲至6歲的孩子在社交過程中逐漸發展出了「團隊」和「合作」的概念。這一時期的孩子有了明顯的社交需求，會在同齡人中發展出好朋友，也會在和其他朋

第五章　能力養成：從玩樂到實力的蛻變

友一起玩耍時，懂得合作而共同完成一個目標。

家長可以在這一時期培養孩子的表達能力、溝通能力和傾聽習慣，比如可以讓孩子在家庭中參與分工和合作，或者家人配合孩子共同完成一件事，分工和合作是相對複雜的思維活動，可以有效鍛鍊孩子的以上能力。

了解孩子的社交發展階段和各個階段的發展程度與特點，是培養社交能力的第一步，在孩子社交的必要性和主動性顯現出來後，家長就需要考慮社交能力的培養，在那之前我們先來看影響孩子社交能力的因素和受歡迎的社交特質都有哪些呢？

影響孩子社交的因素除卻特殊的極個別先天因素（生理或者心理缺陷），其他影響因素基本上來自家庭和社會大環境。

一、家庭因素

1. 以自我為中心

熙熙是個5歲的小女孩，平時在家裡爺爺奶奶、爸爸媽媽甚至外公外婆都拿她當小公主一樣寵著，什麼事情都以熙熙的想法為主，熙熙想要什麼也沒人說個不字，都是主動送到熙熙的面前。這導致熙熙在幼兒園也非常自我，想要做什麼就直接做，和小朋友玩耍也不懂得謙讓和先來後到。一次熙熙想要玩另一個小朋友手中的玩具，便直接就搶，另一個小朋友也不甘示弱，動手打了熙熙，熙熙躺在地上大哭。為此熙熙的家長還找了學校和對方家長，最終鬧得不歡而散。

我們可以看到，熙熙就是典型的以自我為中心的孩子。這樣的孩子多是家裡家長嬌慣，父母擔心孩子受委屈，處處保護，結果孩子變成了溫室裡的花朵，也變成了不受他人歡迎的「小霸王」。孩子習慣了說一不二，以至於脫離了家長，脫離了百依百順的氛圍，到了除家以外的地方就會嚴重受挫，自尊心受打擊，家長想要自己的孩子一點委屈都不受，結果卻會導致孩子更嚴重的受傷。

2. 不會表達

安安已經上幼兒園大班了，可是似乎還是不習慣幼兒園的環境，平時戶外活動總愛一個人在角落裡玩，遠遠地看著大家，集體活動也總是躲到最後，大家都不喜歡和安安在一起，覺得和他在一起玩「沒意思」。可是放學後的安安如果剩下自己在教室就會活蹦亂跳，自己一個人的環境讓他更自由、更放鬆。

鑑於安安的表現，老師找到了安安媽媽進行溝通了解到，原來在安安不到 2 歲的時候，安安的爸爸媽媽都因為工作忙，沒有時間帶安安，於是就請老家的奶奶來照顧安安。奶奶因為不熟悉環境，又擔心自己看不住安安，於是就很少帶安安下樓，整天在樓上家裡玩，爸爸媽媽回到家既沒有時間也沒有精力帶安安出去，長此以往安安習慣了自己和自己玩，想要加入別的小朋友既沒有勇氣也不知道怎麼表達。

安安的表現說明他是一個想要盡情玩耍卻不知道如何和小朋友一起玩耍的孩子。現在的家庭獨生子女的情況占大多數，

◆ 第五章　能力養成：從玩樂到實力的蛻變

孩子在家裡本身缺少玩伴，等到社交的萌芽期出現，如果家長總是讓孩子單獨玩耍，沒有為孩子建立社交環境，那就會錯失孩子學習和發展社交能力的時機。沒有萌芽期的基礎和鋪陳，孩子可能需要更多的時間去學習如何和同齡人接觸和合作。

3. 缺乏溝通

現在的父母普遍重視教育，害怕孩子輸在起跑點上，但這是一把雙刃劍。

想法是好的，但實施起來往往造成孩子的負擔過重，從小開始安排各種補習班才藝班，上了學課外補習更是必不可少。孩子週一到週五忙於學業，週末也是行程滿滿，孩子沒有多少屬於自己的時間，和同齡人甚至父母都缺乏充分的溝通，缺乏與他人相處的機會，便難以形成成熟的社交經驗。

二、社會環境因素

隨著科技的發展和社會的進步，孩子的社交意願和社交方式也悄然發生著改變。以前的孩子都喜歡和同齡人一起玩各種遊戲：跳房子、跳橡皮筋、躲貓貓、扮家家酒……沒有精美的玩具，都是就地取材也能玩得不亦樂乎。而且這些遊戲都是團體的遊戲，孩子玩著玩著就學會了規則和合作。現在的孩子從出生身邊就是各種電子產品，播放的是無窮無盡的影片和動畫，社交的方式和範圍也從實際互動變成了線上聊天，從面對

社交能力：情商教育的啟蒙階段

面交流變成了電話和社群軟體。休閒放鬆的方式也變得更加個人化，寧可選擇自己在家玩遊戲、看電腦也不願去廣場上打球，過度依賴虛擬化的交流會導致越來越不適應面對面的溝通和社交。

我們看到了影響社交的因素也就知道了受歡迎的社交特質是什麼：友善、自信、情緒穩定、良好的溝通和表達能力、善於合作等。如何讓孩子擁有這些特質，從而在社交活動中感受到快樂和獲得益處呢？

我們就以前面案例來看：對於以自我為中心的孩子，家長首先要讓孩子以一個客觀觀察者的身分來看待這些行為。比如孩子愛搶別人玩具、愛打人，或者達不到目的就哭鬧耍賴等，家長可以找一些能夠反映類似問題場景的影片或者繪本，然後和孩子一起看，適時講解，最後讓孩子來說解決方案，這時家長就可以幫助孩子分析每種解決方案可能造成的後果，目的是讓孩子意識到人際交往的目標應該是達到雙贏，使雙方都能得到自己想要的，而不是只滿足自己單方面的需求。

而對於因為自卑、膽小或者不知怎麼與人相處的孩子，家長的首要目標是幫孩子建立自信。

家長要多帶孩子出去和同齡人接觸，哪怕只是在一旁觀察，相信孩子的學習能力是非常強的，孩子會觀察到別的孩子是怎麼交往和合作的，遇到問題是怎麼解決的，受歡迎的孩子所表現出的言行舉止是什麼樣的，家長也可以以平等的姿態與孩子共同探討。

第五章　能力養成：從玩樂到實力的蛻變

　　其次，在孩子流露出想要和其他孩子相處的意願時，鼓勵孩子參與到同齡人的遊戲中去，讓孩子模仿他之前觀察到的受歡迎的孩子的言行。孩子獲得一點進步和心得就及時讚揚，如果遇到挫折也在所難免，家長調整心態，不要急於求成，要把這樣的訓練當作常態化的活動來進行。

　　其實這些方法都是一些輔助，最重要的其實是家長本身的觀念和意識需要轉變。

　　從根本上來說，家長應該意識到自己和家庭的問題並以身作則做出改變，家長想要孩子學會友善，就不要在孩子面前抱怨；家長想要孩子自信，就要懂得欣賞孩子身上的亮點；家長想要孩子情緒穩定，就要讓自己心平氣和；家長想要孩子多出去活動，就要先放下自己手裡的手機。

　　雖然家長不能改變社會的大環境，但是家長可以創造家庭的小環境，山不轉路轉。父母是孩子的第一任老師，原生家庭的影響將伴隨孩子的一生，父母雖然不是生來就會當父母，但是既然為人父母，就要擔負起這甜蜜的責任，讓我們放下執念懷抱感恩和孩子一起學習、一起成長！

第六章
好習慣的魔力：
慢養出幸福的孩子

　　每個人都有各種習慣，孩子也不例外，好習慣會成就孩子的一生，壞習慣則會成為孩子前進的阻礙。從小到大，人的習慣是怎樣養成的？研究習慣對於教育孩子有怎樣的幫助？父母應該怎樣去幫孩子養成良好的習慣？

◆ 第六章　好習慣的魔力：慢養出幸福的孩子

正確的讚美方式：孩子需要的是什麼肯定？

在開始本章的內容之前，讓我們先來看一下這樣三個場景：

情景 1

3 歲的朵朵終於用新買的積木堆出了歪歪扭扭的樓房，興奮地第一時間和媽媽分享時，媽媽從家務中回過頭：「寶貝真是太厲害了！」

情景 2

6 歲的辰辰聽到媽媽對爸爸說：「用完的盥洗用品放回原位啊！」立刻跑去跟媽媽說：「媽媽，你看我的，我都放回去了呢。」媽媽欣慰道：「還是我兒子最懂事！」

情景 3

8 歲的珊珊放學回到家，興奮地跑向媽媽：「媽媽，我這次測驗考了 100 分！」媽媽看了成績單，非常高興：「我女兒是最棒的！晚上加雞腿！」

對於上面的場景，媽媽們再熟悉不過，當孩子新學會一項技能或者取得好的成績時，哪個媽媽都會下意識地說出那句：「你真棒！」、「你最強！」

我們尊崇鼓勵至上的育兒理念，相信讚美的力量，堅信「好孩子都是誇出來的」，對孩子最大的肯定就是，無論何時何事何地，只要他做得好就拚命誇他！看著聽到誇讚的孩子露出燦爛的笑臉，我們也沉醉於自我感動和自我欣慰中……，不要被

正確的讚美方式：孩子需要的是什麼肯定？

表面現象所迷惑，我們不妨先冷靜下來，思考一下：這樣的誇讚有沒有問題？這真的是正確的讚美嗎，還是只是敷衍空泛的美化？

現在，同樣的場景讓我們重新來過，來換一種表達。

情景 1

3 歲的朵朵終於用新買的積木堆出了歪歪扭扭的樓房，興奮地第一時間和媽媽分享時，媽媽從家務中回過頭：「這個樓房堆得真高真漂亮啊，你一定是非常小心非常努力才做到的吧！」

情景 2

6 歲的辰辰聽到媽媽對爸爸說：「用完的盥洗用品放回原位啊！」立刻跑去跟媽媽說：「媽媽，你看我的，我都放回去了呢。」媽媽欣慰道：「你這樣做媽媽真的很感動，謝謝你對媽媽的理解和支持！」

情景 3

8 歲的珊珊放學回到家，興奮地跑向媽媽：「媽媽，我這次測驗考了 100 分！」媽媽看了成績單，顯得非常高興：「一定是因為妳每天都認真完成作業，並且及時改正和複習錯誤的題目，這是對妳努力學習的回報，這 100 分是妳應得的！」

讀者是否發現，場景相同讚美的指向完全不同，前者都是讚美做事的人，後者都是讚美行為，而後者才是讚美的正確方式。

第六章　好習慣的魔力：慢養出幸福的孩子

為什麼說後者才是正確的讚美呢？我們先看前三個場景中的讚美方式，全部沒有清晰的評價標準，所有的事都可以用一句「真好，真棒」來總結誇獎。什麼好？哪裡棒？因此這種讚美表達的只是對這個人的認可，與你做了什麼事沒關係，只針對完成了的結果，且家長是用居高臨下的姿態說著評價式的語言。這種讚美往往會讓孩子在意別人怎麼評價，當得到別人認可時，才覺得自己是有價值的。這有可能會使孩子變成「討好者」或「總是尋求別人認可的人」。也就是說，就讚美即時的回饋來看，這種讚美方式會提升孩子的積極性，但是長期的結果是會讓孩子依賴讚美。

但讚美教育沒有錯，錯的只是方式，我們只需換一種表達，問題就會迎刃而解。我們來看後者的讚美方式。

首先，是一事一讚美，並明確了是行為好。其次，這種讚美是對行為的肯定，認可過程和付出的努力，並且是以尊重欣賞的口吻說出真誠的話語。

這樣的讚美會使孩子覺得自己是被尊重的，是因為自己的努力獲得成就，從而獲得滿足感和責任感，覺得自己有價值，無須他人認可，充滿自尊與自信。

如果說第一種是形式讚美，那麼第二種就是真正的讚美。就即時效果來看二者並沒有什麼太大區別，正因如此才使很多人忽略了他們的長期影響力。但這兩種不同的讚美會導致孩子慢慢養成不同的習慣，走向完全不同的人生。

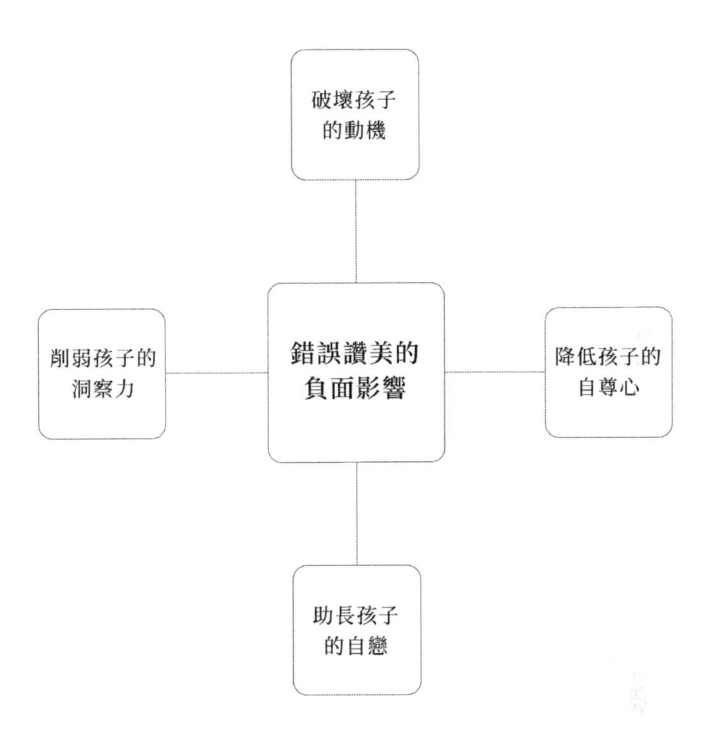

正確的讚美方式：孩子需要的是什麼肯定？

```
                    ┌─────────┐
                    │ 破壞孩子 │
                    │ 的動機  │
                    └─────────┘
                         │
┌─────────┐         ┌─────────┐         ┌─────────┐
│ 削弱孩子的│─────────│錯誤讚美的│─────────│降低孩子的│
│  洞察力  │         │ 負面影響 │         │  自尊心  │
└─────────┘         └─────────┘         └─────────┘
                         │
                    ┌─────────┐
                    │ 助長孩子 │
                    │ 的自戀  │
                    └─────────┘
```

所以選擇怎樣的讚美，相信各位讀者心中已經有了答案。那麼，應該怎樣去做呢？

首先，我們要明白是什麼導致了不正確的讚美方式。是因為快：張口就來，不用思考且能快速收到效果；是因為優越感：居高臨下的評論滿足了潛意識中的家長權威。我們總是傾向於下意識的輕鬆，一句習慣性的誇獎，家長毫不費力，孩子笑顏逐開，何樂而不為呢？

而且，我們錯誤地認為這樣的讚美也能夠給予孩子自尊和自信。但其實自尊既不能被給予也不能被接受，自尊是慢慢培養

第六章　好習慣的魔力：慢養出幸福的孩子

出來的，是來源於每次解決問題和從錯誤中學習時，逐漸累積的自信和能力感。

了解了原因，我們便可以試著去改變了。

首先，我們要轉變觀念，由重視讚美的當下回饋轉為重視讚美的長期結果。其次，我們刻意練習，改掉一切求快的習慣。下意識的「你真棒」要脫口而出之前，讓自己慢下來，好好組織一下語言，思考一下怎麼正確地讚美。最後，我們要尊重孩子。放下可憐的家長架子，認真地像對待朋友一樣對待孩子，對孩子的行為和觀點真正地感興趣，發出正確的讚美，激勵孩子的內心。

從好奇到學習：引燃孩子的探索熱情

2009 年，美國加州理工大學的研究者康政文和柯林・卡麥爾利用核磁共振做了一個關於人類好奇心的實驗。研究者設計了 40 個關於不同領域的問題，隨後徵集了 19 名志工，將這些問題發給每人一份。

這些問題的設計原則是要引起人們不同程度的好奇心，如「地球屬於哪一個星系」、「什麼樣的樂器可以模仿人歌唱的聲音」等。

志工被要求回答這些問題，不知道答案也可以猜測，然後研究者將所有答案寫下，並且依據不同的程度將志工對這些問

題的好奇度標註出來。接下來志工需要進入核磁共振的儀器，實驗人員重新展示這 40 個問題並公布答案。

核磁共振的掃描結果揭示了好奇問題與大腦相關區域的連繫。這些令人好奇的問題會引發大腦兩邊前額皮質的活躍，而這一區域活躍會開啟大腦的獎勵機制，從而帶給人快樂、滿足、愉悅的感覺。

研究者還發現，大腦中負責學習、記憶、語言理解及創意的區域開始活躍的時候，正是正確答案被揭曉的時候。而這些區域最活躍的時候，是受試者知道自己答錯的題目的正確答案的時候，而且這些經過犯錯再被訂正的答案比其他答案更讓受試者印象深刻，從而記得更牢固。

由此，研究人員得出結論，好奇會引發大腦開啟獎勵機制。對於知識的好奇會使大腦多個區域活躍起來，對於從未見過的新知識與新資訊的渴望，會在大腦內引發一種獎勵和回報的狀態開啟，而這種開啟會帶給人快樂和愉悅，這種好奇也被稱為知識性好奇。

荷蘭萊頓大學的認知科學家馬瑞克‧傑普瑪做了一個實驗。研究者首先徵集了 19 位志願者，然後給他們看一些模糊的圖像，這些圖像非常模糊，幾乎無法辨別到底是什麼，但其實它們都是些身邊常見的事物，像是樂器、交通工具等。

這些志工都表現出想要知道清晰的影像到底是什麼的好奇，但是一開始研究者只給其中一部分人看清晰的圖像，或者

第六章　好習慣的魔力：慢養出幸福的孩子

只給全部的人看其中一部分影像的清晰版。

這些受試者，始終有一部分好奇心未被滿足，這種好奇被稱作知覺性好奇。研究者同樣對受試者進行了核磁共振掃描。結果發現當受試者產生知覺性好奇時，大腦中感知不愉快情緒的區域開始活躍，這一區域被激發，會讓人產生類似於飢渴或者被剝奪的感覺，從而產生負面情緒。

當研究者將全部的清晰影像公布，也就是所有受試者的知覺性好奇被滿足時，他們大腦中負責愉悅的區域又被激發，產生飢渴被滿足的感覺，類似吃了一頓美食的滿足感。而且研究者還發現，當知覺性好奇被滿足，還會加深人們的次要記憶。次要記憶指的是那些不用刻意記憶就能印在腦中的記憶。

由以上兩個實驗我們可以窺見好奇心與記憶和學習之間的一些關係。首先是好奇心有知覺性好奇和知識性好奇之分，知覺性好奇一般出現在我們眼睛直接能看到的事物，但是並不知道是什麼的情況下，這時候如果一直得不到答案，我們就會產生一些被剝奪的不好的感覺。如果得知答案，就會產生滿足感。因此當有知覺性好奇產生時，我們盡快找到答案，就能獲得心理上的滿足，而且知覺性好奇會使我們的次要記憶增加，也就是說知覺性好奇得到的答案不用你特意去記憶，它就會留存在你腦海中了。

知識性好奇更是對於我們有益，當我們面對一些能夠引起我們好奇的知識時，知識性好奇產生。與知覺性好奇不同的

是，面對知識性好奇，不論你是否知道問題的答案，你的大腦負責學習、記憶、語言理解及創意的區域就開始活躍了，也就是說你的大腦已經開始思考和學習了。而且當你得到問題的答案時，大腦會立即開啟自我獎勵，讓你身心愉悅。

不論是哪種好奇，當好奇心被滿足時，大腦相關區域就會被激發，而這些區域都是負責為人提供正面情緒和帶來愉悅體驗的。

這對我們自身或者我們對孩子的好奇心的引導都能有所啟發。眾所周知，孩子的好奇心旺盛，這一點父母定是深有感觸。不僅對於周邊的事物，對於他們從未嘗試的事，都保有極大的探索熱情，簡直就是行走的十萬個為什麼。

但是面對孩子的好奇，如何應對回覆和引導，卻是令人頭痛。現代教育理念的普及，使我們知道了保護孩子天性的重要，一方面我們知道應該要呵護孩子的好奇心，但是另一方面我們又無法保證能完全滿足孩子的好奇心。

有時是因為自顧不暇。父母背負工作和生活的壓力，整日忙忙碌碌，但是孩子的好奇心是不分時間不分地點不分場合的，隨時可能產生好奇，並立即向你提問。有時你在專心工作，有時你在忙碌家務，有時你在會客交談或者放鬆追劇，並不是所有父母都能停下自己的事情，耐心為孩子解答疑惑的。孩子的好奇心或許就在你的「等一下」、「沒看見我在忙嗎」等推託中，漸漸冷落。孩子得不到回覆，熱情消退，大腦產生被剝奪或飢餓

第六章 好習慣的魔力：慢養出幸福的孩子

感，出現負面情緒。

有時是因為自身知識局限。成年的身體和大腦發展趨於成熟，除非有特殊情況，大多數人不會再有大量的知識增加和累積。雖說生活閱歷和知識還會漸漸增加，但整體狀態趨於穩定。孩子則不同，他們的大腦隨著身體的成長在一刻不停地高速發展，對於各方面知識的渴望非常強烈，隨著孩子對事物的認知加深，知識量的增加和累積，漸漸孩子提出的問題，父母已經不會回答了。3歲以前的問題家長輕鬆應對，學齡前的問題已經天馬行空，等孩子再長大一些，父母就倍感壓力，甚至相形見絀了。面對不會回答的問題，父母又羞於承認，只能搪塞或者乾脆迴避。

碰壁久了，孩子的熱情受到打擊，知識性的好奇得不到答案，大腦就不會產生愉悅快樂的感覺，漸漸不再對知識產生本能的好奇，自然也不再愛提問，湮滅學習興趣，轉而投向其他輕易能獲取快樂的方面，如電子遊戲等。

所以如何使孩子一直保有好奇心及將好奇心進一步引導為自我學習能力就顯得尤為重要。

首先，及時回應。低齡孩子產生的許多都是知覺性好奇，最常問的就是「這是什麼」，父母知道了知覺性好奇背後的原理，面對知覺性好奇，一定要馬上給予孩子答案，孩子獲得答案產生滿足感，並在不知不覺中將答案儲存在大腦裡了。

其次，共同學習。學習是終生的事業。學習不光是孩子的

事,也是成人面對的課題。學習不會隨著你的畢業證書到手就宣告結束,我們要保有終身學習的理念。當孩子向我們表現出知識性好奇時,如果我們知道答案,首先依然遵守第一個及時回應的原則,其次我們要保證答案的正確性。如果是超出我們知識範圍的,不要推託逃避,一開始也不能讓孩子自己去尋找答案,因為他們不得其法,也有可能轉頭就被別的事情吸引,而忘記了這個知識性好奇。坦然承認,對孩子說不知道,是第一步,然後我們可以帶著共同的知識性好奇去探求答案。如今社會資訊高速發展,想要找到答案有很多的途徑。

當孩子每一次知覺性好奇能得到及時滿足,知識性好奇經過探索也能得到答案時,他的大腦就會開啟獎勵機制,孩子的積極性就被引發,學校的學習也成為一種樂趣,更重要的是這種內在的驅動力會使孩子喜歡學習探索,找到正確的歸屬感和價值感,這樣的孩子一定是內心充滿幸福感的孩子。

有助於培養孩子好奇心的日常互動行為			
偶爾打破常規	創造驚喜	講述開放式故事	互相問問題
為一件事做準備	鼓勵他的積極行為	學習音樂	旅行
讓他來安排假期	結交新朋友	飼養寵物	運動

第六章　好習慣的魔力：慢養出幸福的孩子

從堅強到自立：幫助孩子走向獨立人格

　　3歲的孩子正在客廳玩著球，奶奶在廚房準備午飯，球滾到了餐桌下面，寶寶趴到餐桌下面去拿球，沒注意撞到了頭，哇哇大哭，奶奶連忙跑過去安慰：「都怪這個桌角，奶奶替你打它，哎呀，我們寶寶好可憐，都腫起來了。」

　　上面這種場景在很多家庭都出現過，孩子不小心撞到了，大人的安慰往往是怪罪地板或桌子，看似轉移了注意力，孩子很快就能止住哭聲，但其實是沒有讓孩子意識到真正的問題出在自己身上，也無法讓孩子得到教訓，避免下次再發生類似的事情。

　　長此以往的後果就是孩子遇到問題往往只會尋找外部因素，或者只會怪罪他人，進而變得越來越脆弱。

　　媽媽下班為孩子帶回了一個新玩具，是一個芭比娃娃，孩子開心地蹦蹦跳跳，抱著娃娃玩起了扮家家酒。到了吃飯的時候，孩子依然在玩她新得到的芭比娃娃，奶奶過來叫她吃飯她也捨不得放下，還要再玩一會兒，大人們開始吃飯，孩子依然和娃娃玩得興起，就是不來吃飯。這時奶奶端著盛滿飯菜的碗來到孩子面前餵她吃飯，奶奶說：「啊，來張嘴。」孩子張大嘴巴吞下一口米飯，眼睛始終沒離開過娃娃。

　　孩子到吃飯時候只顧著玩，大人追著把飯餵到孩子嘴邊的場景更是太常見了。自己吃飯是一個人最基礎的技能，而且完

全是孩子自己應該做的事情。孩子有能力自己吃飯，大人卻因為嫌孩子太慢或者擔心他自己吃不好、吃不飽而代替孩子做這些最基本的事情。

孩子哭鬧、不肯好好吃飯，確實讓很多家長頭痛，但如上面案例中的家長，他們的行為真的能夠徹底解決問題嗎？還是說家長只求讓孩子快點停下哭聲，快點把飯吃完呢？至於更深層次的原因，根本就不在考慮範圍之內。

6歲的明明剛上一年級，早上6點半就需要起床，7點半到校，每天早上媽媽都需要叫三四次，明明才懶洋洋地從被窩爬出來，這時已經過了10分鐘。明明到沙發上拿起iPad看起動畫，媽媽一邊準備早飯，一邊催促：「快點刷牙洗臉換衣服，快來不及了。」明明嘴上答應了，放下iPad，去逗沙發上的貓咪，又過了10分鐘，這時媽媽又說：「你怎麼還沒去啊，要不先別洗臉了，先過來吃飯吧。」對於吃飯，明明還是不會拒絕的，他不緊不慢地嚼起了一片吐司，媽媽催促：「快點吃，吃完還要盥洗呢！」

媽媽先吃完便去疊被子和打掃廚房，等到明明要喝牛奶的時候指針已經指向了7點整，媽媽收拾完出來見明明還沒吃完早飯，有點著急：「來不及了，先別吃了也別盥洗了，先把校服換上，趕緊背上書包，牛奶路上喝。」明明放下牛奶去穿衣服，並沒有在床頭發現校服，往常媽媽都是會疊好放在那裡的，於是明明開始有點埋怨地喊：「媽媽，校服在哪裡呀？」「在陽臺衣架上，昨天洗了，你自己拿一下吧。」媽媽邊穿外套邊說。

第六章　好習慣的魔力：慢養出幸福的孩子

「可是我拿不到！」媽媽只好去幫明明拿校服。明明慢悠悠地套上校服外套時，媽媽實在是看不下去了：「快點啊，要遲到啦！」說著幫明明穿好外套，拉上拉鍊，背上書包，匆匆出門。

在上面的場景中我們可以發現，媽媽一早上忙裡忙外，洗漱、做飯、整理房間時間排得滿滿的，孩子卻只做了吃飯這一件事，而且還沒做好，媽媽一直在著急，孩子始終不著急。媽媽越想要孩子快點完成，結果反而越不理想。為什麼會這樣？

我們抱怨孩子脆弱的時候，有沒有想過，是誰造成了孩子的脆弱，我們嫌棄孩子什麼事都做不好的時候，有沒有想過我們代替孩子做了多少事情？

父母總是代替孩子，才是孩子無法自立的真正原因，那麼完全讓孩子自己的事情自己做就是對的嗎？

曾經有這樣的一則新聞：一間小學放學的時候，校長站在校門口制止家長替孩子背書包，目的是讓孩子明白自己的事情自己做。學校的出發點是好的，自己的事情自己做也是對的，但是，背起書包的孩子，其他的事情學校也能夠監管得到嗎？如果僅僅是書包這一件事，其實更多的像是形式主義。所以，只是簡單粗暴的一刀切並不可取。那我們到底應該怎麼做？

第一，列出孩子「自己的事情」的清單。不同年齡層的小朋友有不同的能力，在孩子能力範圍之內的事情，父母盡量不要代勞。對於年幼的孩子來說，一開始父母可以替他們安排簡單的事情，如自己吃飯、自己穿衣、扣釦子、**繫鞋帶**、自己洗

臉，自己疊被子，自己整理書包等。這些都屬於基本的生活技能，是孩子一個人生活自理的基礎。需要讓孩子明白這些事情是必須要自己完成的。

等到孩子可以做到的時候，我們就可以提升點難度，讓孩子在計畫時間內來完成這些事情，這裡要注意的是計畫時間並不是家長單方面地列完時間表然後直接交給孩子照做，而是需要家長和孩子一起共同規劃。並且，家長要以平等尊重的態度詢問孩子的意見：哪一個是你最喜歡做的？穿衣服你覺得定多長時間合適呢？經過孩子參與制定的計畫，孩子會更願意也更自覺地去完成。

第二，慢慢來，花時間訓練。訓練孩子的自主自立涉及幾個方面。

為什麼要訓練？

如果父母不花很多的時間來訓練孩子完成自己的事，往後就需要更多的時間和精力來糾正孩子的行為。而糾正難免責備，孩子總是受到責備，信心會受到打擊，變得沮喪或者憤怒。這樣會導致孩子變得更不愛學習如何做事情。

兒童心理有一種現象叫做尋求關注，孩子需要透過確認家長的關注來獲得安全感。家長的糾正會讓孩子覺得獲得了更多的關注，因此他們會更不願意更正行為，甚至變本加厲。

訓練不是一步到位的。

第六章　好習慣的魔力：慢養出幸福的孩子

即便上面我們列舉的最簡單的技能，剛開始對於孩子來說也是有很多困難的。如吃飯時飯菜會撒到衣服和地板上，鞋子穿反，被子疊得皺巴巴，洗個臉整個衣服袖子都溼了……這些都不是一兩次的訓練就能做好的。

不要埋怨和指責，更不能因為孩子沒做好就懲罰，家長要做好長期反覆訓練的準備，將花時間訓練孩子的技能變成一個日常的內容。

把握時機。

訓練的時機也要注意掌握，比如早上急著出門的時刻就不太適合我們慢慢教孩子繫鞋帶。在時間的壓力下，父母難免急躁，訓練效果既不好，還容易引起孩子反感。

掌握一些小技巧。

枯燥和生硬的指令會讓訓練變得索然無味，而增加遊戲和趣味性就能提高孩子的學習興趣，提高學習效率。如學習繫鞋帶，家長就可以在紙板上先畫出一個誇張的大鞋子，再做出鞋子的洞眼，再找根繩子就可以教孩子穿鞋帶、繫鞋帶了。比如餐桌禮儀這些比較抽象和枯燥的事情，我們就可以和孩子還有他的娃娃們來玩「扮家家酒」的遊戲，在遊戲中學習這些禮儀的應用。在遊戲中訓練孩子是非常好的方式，孩子都會非常願意參與，而且還能收到很好的效果。

其實讓孩子自立的方法有很多，但重要的不是方法，而是

家長真的願意付諸行動,不著急,不迫切,慢下來陪伴孩子一點一滴地進步,否則一切都是空談。

從嘗試到自信:讓孩子勇於面對挑戰

4歲的妮妮想要幫媽媽把新買的雞蛋放進蛋托,媽媽立即喊道:「放下雞蛋,妳會把它掉在地上摔碎的,還是媽媽來放吧!」

3歲的康康正在自己穿衣服,準備出發去上幼兒園,媽媽等不及:「過來,媽媽幫你穿,你太慢了!」

媽媽的話讓妮妮感覺氣餒,她感覺自己很弱小;而康康看著媽媽快速地做完了自己要好半天才能做完的事,他乾脆放棄自己嘗試,以後都由媽媽來做好了。

3歲的依依想幫媽媽擺好早餐,她拿起牛奶準備往玻璃杯裡面倒,這時,媽媽搶過牛奶,和藹地說:「妳還小,還倒不好牛奶,灑出來了怎麼辦,媽媽來吧。」依依露出難堪的表情,轉身離開了餐廳。

5歲的昊昊安靜地在遊樂場上玩著沙子,但他看起來似乎悶悶不樂,他的媽媽坐在旁邊的長椅上,昊昊問媽媽:「我現在可以去玩盪鞦韆嗎?」媽媽回答:「可以,來牽著媽媽的手,免得摔倒了。」昊昊坐上了鞦韆自己前後盪起來,媽媽見狀說道:「小心別摔下來,還是我來推你吧,你坐好別動就可以了。」昊昊剛

第六章　好習慣的魔力：慢養出幸福的孩子

開始還安靜地坐著,但是沒一會兒他就覺得沒意思了,要從鞦韆上下來去玩健身器材,媽媽又牽起他的手走向健身區,經過單槓時,昊昊看見幾個孩子爬到單槓上面去玩,他問媽媽:「我能玩這個嗎?」媽媽回答:「不行啊,那樣玩太危險了,掉下來會受傷的,我們去玩溜滑梯吧。」玩溜滑梯時媽媽又說道:「走慢點,別摔倒!」「別撞到別的小朋友!」「排好隊啊!」「好了現在沒人了,溜下來吧!」溜了一會兒,媽媽說時間差不多了該回家了,昊昊便牽起媽媽的手離開了遊樂場。他沒有機會大聲喊、大聲笑,沒有機會跑來跑去,沒有機會盡情玩耍,他覺得這裡並不好玩。

依依對於嘗試新的事物有很大的興趣,但是媽媽的話語讓她十分受挫,只好轉身離開以示抗議。昊昊沒有機會和同齡的孩子一起玩耍,也無法為自己做主,事事問媽媽,聽從媽媽的指揮。媽媽同意的時候他也是漫不經心,他的悶悶不樂是內心受挫的表現。

昊昊為什麼不能體驗快速下滑的刺激呢?一直在媽媽的保護下,他怎麼知道自己能做到什麼事?依依如果真的把牛奶灑在桌子上又怎麼樣呢?損失牛奶和損失孩子的信心相比,哪個更嚴重?

身為家長的我們都希望孩子能夠自信勇敢,善於解決問題。理想總是很豐滿,可是放到實際生活中,面對一個個具體的事件時,我們又總是不敢放手,總是嫌孩子自己做不好,做

得慢。背後的原因是家長害怕承擔風險和不相信孩子的能力。社會風氣急功近利，在培養孩子上也不例外，我們總是希望用最快捷的方式解決問題，面對孩子我們也總是希望他們能快點，再快點。

這就是一個矛盾，一方面我們希望孩子成長，一方面卻切斷孩子成長的途徑和機會。一方面我們希望孩子能擁有獨立面對和解決問題的能力，一方面又嫌他們太慢，代替他們完成他們自己分內的事情。結果就是孩子受挫，或喪失信心，或放棄嘗試，家長包辦一切，費力不討好。

上面這些例子都是反面教材，媽媽總是擔心幼小的孩子受到傷害，看似處處保護，實則事事阻攔。但是我們常常意識不到自己的行為會帶給他人什麼樣的影響，帶來什麼樣的感受。我們只是做了我們以為的「為你好」，卻沒有聽到孩子的「我不要」。

那有沒有什麼方法能改變這樣的局面，既能保護孩子的好奇心和自信心，又能讓父母放下過強的保護欲和控制欲呢？

第一，了解孩子的能力。父母需要對孩子生長發育的階段和規律心中有數。

依依的媽媽直接告訴依依，妳不行，妳做不到；昊昊的媽媽在努力地想要各方面都將他保護好時，也等於告訴他：你很弱小，你沒有能力保護自己。實際都是因為媽媽們不清楚她們的孩子已經具備了解決相關問題的能力。

第六章　好習慣的魔力：慢養出幸福的孩子

3歲的孩子有一定的能力掌控自己的手臂力度和手的精確度，5歲的孩子更是可以在遊樂場遊刃有餘。當父母知道孩子想要嘗試某件事並非只是為了好玩，而是真正有能力可以去完成時，自然會放手讓孩子去做，孩子嘗試成功了，才會逐步建立起他們的自信心。

第二，刻意培養習慣。在日常生活中培養自己逐漸放手的習慣，培養孩子一點一滴解決生活小問題的習慣。比如幫忙做家務，比如整理自己的玩具，剛開始嘗試時，孩子定然不會做到完美，速度也不會很快，這就需要家長多次、耐心、清晰明瞭地指導和演示，當孩子能夠獨立完成時，別忘了來一個大大的正確的讚美！

第三，克制本能，勇敢放手。孩子天生具有極大的勇氣，並且對於其他人做的事抱有極大地想要嘗試的熱情，這是其天性。家長過度的保護欲，也是出於對保護後代的下意識的本能。

但是孩子的本能是為了助推本身的學習與能力增長，家長對於孩子過度保護的本能，卻使孩子喪失了勇氣。孩子們需要自己去嘗試，這樣可以測試和提高自己應對危險情況的能力，需要在摸爬滾打中累積自己的經驗，知曉危險的邊界，形成自己的認知和做事的原則。

第四，鼓勵的力量。依依自己有勇氣嘗試新的挑戰，媽媽只要信任她，就是給她鼓勵，如果牛奶灑出來了，媽媽只需要擦掉灑出的牛奶，不斷鼓勵她：「再試一次吧，妳做得到。」

昊昊想要玩哪個遊樂設施，媽媽也可以瀟灑地說一句：「去吧，祝你玩得愉快！」

當然，給孩子足夠的自由和嘗試的空間，並不代表我們完全撒手不管，那是另一個極端。我們要時刻觀察著，準備著，在孩子遇到危險或者需要幫助時，挺身而出。

從好勝到堅韌：教孩子迎接成功與失敗

5歲的鵬鵬上幼兒園的大班，是個開朗的孩子，一次幼兒園舉行了兩人三腳接力賽，鵬鵬和楠楠搭檔一組。第一輪比賽開始，哨聲一響，鵬鵬就往前衝出去，完全沒有顧忌旁邊的楠楠，楠楠重心不穩，一下子就摔倒，大哭起來，第一輪比賽就此作廢，鵬鵬十分氣惱，衝著楠楠喊：「都是你，走得太慢了！」

第二輪比賽開始，起初兩人走得頗順利，可是在中途跨越障礙的時候，楠楠又被絆倒了，比賽自然又落後了。這下鵬鵬更加生氣了：「你怎麼這麼笨啊，都怪你，要不是你我早就贏了！」說著便用手推了楠楠。

楠楠本來就摔痛了，再加上鵬鵬的埋怨，哭得更大聲了，老師趕來，安慰了楠楠，老師想要他倆和好便說道：「比賽輸了，並不是一個人的責任，這個遊戲考驗的就是兩個人的配合，需要相互遷就，相互幫助。所以沒有到達終點，兩個人都

第六章　好習慣的魔力：慢養出幸福的孩子

有責任,而且友誼第一,比賽第二,不能只想著輸贏。現在,鵬鵬你可以為你剛才的行為向楠楠道歉嗎?」

鵬鵬臉上露出後悔的神色,但是當老師再次要求鵬鵬道歉時,沒想到鵬鵬嘴一撇,也哇哇哭起來。

從故事的細節我們可以看出,鵬鵬是個好勝心強的孩子,追求榮譽和勝利,總希望拿到第一。這樣的性格有好的方面,有動力、有衝勁,在比賽和學習中會處處爭先。可是伴隨的缺陷也很明顯,這樣的孩子看似強硬,如果不能夠正確引導,成為習慣,則往往內心脆弱,承受力差,不願面對失敗,而且一旦失敗總是想要推卸責任,不願承認自己的過錯。

孩子之所以有爭強好勝、不願認錯的行為,本質上是因為其喪失了信心,追求了錯誤的歸屬感和價值感。

每個人的行為目的都是為了追求歸屬感和價值感,這沒有問題,但是孩子的心智發育不夠成熟,他們會用一種錯誤的方式來獲得歸屬感和價值感。這源自他們潛意識中的觀念——只有得到他人的關注,才能獲得價值感,所以對自己價值感的追求,促使他們好勝心強,藉由勝利和榮譽得到他人的關注。

但是孩子意識不到這樣的觀念是錯誤的,即使我們詢問他為什麼要這樣做的時候,他也會說不知道,或者給出其他理由。既然是錯誤的歸屬感和價值感導致了孩子爭強好勝,那麼又是什麼原因導致了孩子會產生這種錯誤的感知呢?其實這很有可能與父母有關。

以父母權威強迫孩子做事，總以發號施令的口吻與孩子講話，在與孩子的溝通中即使犯了錯礙於面子拒絕承認，這些行為會使孩子表面服從，而內心並不屈服，而且長期得不到肯定和鼓勵，孩子會慢慢喪失信心。也會給孩子一種錯覺：權力是一種好東西，我也要說了算，當我來主導，或者證明沒人能控制和主導我的時候，我就會獲得歸屬感和價值感。

只有當孩子取得好的成績時，父母才會露出和藹溫柔的一面，這就促使孩子特別在意輸贏，刻意追求榮譽。

既然如此，我們就必須採取行動，將孩子的好勝心引導到正確的軌道，彌補脆弱，成就堅韌。

首先，要拋棄根深蒂固的家長權威意識。讓孩子感覺到被尊重是最重要的，改變強硬和命令的方式，用和善又堅定的語氣與孩子交流。一開始你和孩子可能都需要適應，而且做好孩子不接受你的打算，因為一次的改變並不足以取得孩子的信任，不要放棄，堅持下去，孩子會感受到你的誠意，最終讓平等溝通的習慣取代發號施令的習慣。

其次，要幫孩子追求正確的歸屬感和價值感。歸屬感和價值感對於孩子來說非常重要，以至於會決定他們在學校的表現、成績和同學關係。家長培養讚美的習慣，運用正確的讚美和鼓勵，真正欣賞孩子，認可孩子的行為，肯定過程和努力，讓孩子發現自己的價值，無須他人認可；孩子培養自省的習慣，知道自己的缺點和錯誤，並知道怎樣可以做得更好。

◆ 第六章　好習慣的魔力：慢養出幸福的孩子

當孩子再也不問「為什麼第一不是我」，即使經歷失敗也可以坦然面對並能從中總結經驗時，他就獲得了寶貴的堅韌品格。

好勝心對於孩子的益處			
更積極主動	更願意接受挑戰	更願意與人交流	更願意學習

從分享到合作：人際交往的基礎習慣

4歲的飛飛正在廣場上玩著自己的遙控汽車，旁邊一個小女孩先是看著飛飛玩，過了一會兒怯怯地問：「我可以玩一下你的汽車嗎？」飛飛非常直接地說了「不」，小女孩露出受傷的表情，下一秒馬上要哭出來。

飛飛的奶奶見狀，馬上開始教育飛飛：「我們飛飛是個好孩子，好孩子都是要學會分享的，給小妹妹玩一下！」

在奶奶的勸說下，飛飛把自己的汽車給了小女孩玩，可是飛飛自己因為不捨和委屈哭了起來。

我們每個人小時候或者我們教育自己孩子的時候都說過與人相處之道，其中很重要的一項就是要學會分享，包括分享自己的玩具、食物等。分享是一種優秀的品格，懂得分享的孩子才會被認為是一個好孩子，反之拒絕分享就是不夠大方或者是自私。

我們接受的文化和教育也是如此，孔融讓梨告訴我們不光要分享，還要把好的優先給別人。分享被認為是一種美德。

真的是這樣嗎？上面的故事裡雖然最後飛飛交出了自己的玩具，小女孩也得到了玩玩具的機會，可是兩個孩子都不開心，這是成功的分享嗎？尤其是飛飛，那個被說教後交出自己玩具的孩子的感受，有人關心嗎？當孩子開始與外界接觸和交流時，我們希望孩子能和其他人和平相處，所以我們出於善意，去教會孩子分享，因為分享代表著向他人示好。背後的邏輯其實是想透過我自己付出，換來下次別人可以對我付出，本質是一種交換。

的確，人是群居的社會性動物，每個人都不能孤立存在，學會分享與合作是必然的，這沒問題。

問題是真正的分享不應該是被要求的，更不應該是建立在孩子的痛苦之上的。

要學會分享也不是簡單地告訴孩子把你的玩具給別的孩子玩，我們需要用技巧鼓勵孩子，而不是要求孩子分享，更不是命令孩子分享，我們需要孩子真正的分享。

第一，建立物權概念。從孩子還很小的時候我們就會發現孩子會對某些東西特別看重，或許是某一件玩具，或許是媽媽的一件衣服，或許是他穿不下了還捨不得扔的一雙鞋子。孩子對這些東西會特別在意，家長要動或者丟掉孩子都會有比較大的反應，雖然他們說不清為什麼。

這就是物權，這樣的東西有他寄託的情感，擁有這些物品讓他覺得有歸屬感。

第六章　好習慣的魔力：慢養出幸福的孩子

所以，孩子不願意分享，不願意別人觸碰，因為孩子在堅守的不只是一件玩具，而是自己的安全感。

對於物權概念的建立讓孩子懂得守護自己的物品，未來才有可能堅守原則、夢想、情感等更重要的東西。

沒有擁有談何分享？

第二，尊重孩子。故事中的奶奶教導的口吻雖然很溫和，但背後還是家長的權威在發揮作用，礙於面子和他人的評價，我們希望孩子按我們說的去做，而且就是現在、馬上。

我們提到了很多次，對於孩子要慢慢來，要尊重平等，要時刻警惕家長權威和架子對我們的支配。

第三，勇敢說「不」。我們的文化系統中沒有拒絕的文化，我們總是被教育要考慮別人的感受，

先人後己是美德，追求自己快樂就是自私。以至於我們從小到大都不敢拒絕別人，沒有勇氣說「不」。如果我們因為不願意而拒絕別人，拒絕分享，過後就會前思後想，甚至後悔自責。

當孩子沒有被這樣傳統的觀念束縛時，我們卻在潛移默化地要求他們要委屈忍讓。因為委屈自己而做出的分享，並不是真正的分享，也不是可以一直持續的分享。

我們要求孩子分享，本質上也是在照顧別人的感受。總是想別人是不是不開心，卻很少問自己是不是快樂。

不光是孩子，我們每個人都有權表達自己的情緒，有權拒

絕。關心自己的情緒，取悅自己，當我們開始愛自己，才能懂得愛別人，愛這個世界。

先從我們家長做起，讓孩子建立對家庭和家庭成員的信任和安全感，孩子才會慢慢建立起對這個世界的安全感，孩子感覺到安全感是來自關心、尊重或者真正熱愛的事情而非某一件物品時，孩子便會主動分享。

等孩子學會真正的分享，從分享最基礎的物品開始，到慢慢學會分享知識、經驗、思想，那他就會贏得真正的朋友和迎來真正的合作。

◆ 第六章　好習慣的魔力：慢養出幸福的孩子

第七章
家庭是根：
打造孩子的安全感與歸屬感

教育最重要的，就是給孩子一個好的成長環境。幸運的人一生都被童年治癒，不幸的人一生都在治癒童年。原生的家庭環境是孩子成長過程中最重要的影響源，孩子的自卑、懦弱源自暴力的家庭環境，孩子的欺騙、任性來自複雜的家庭關係。好的原生環境是什麼樣的？父母應該怎樣去改善家庭環境中的不良因素？

◆ 第七章　家庭是根：打造孩子的安全感與歸屬感

原生家庭的投射：孩子關係模式的根源

　　個體心理學創始人阿爾弗雷德・阿德勒（Alfred Adler）說：「一切的煩惱都來自人際關係。」我們的人際關係常見的有和伴侶、同事、合作夥伴以及自己的孩子的關係等。

　　當然我們和父母的關係也屬於人際關係的一種，而且是最早開始接觸、學習的人際關係，也是最重要、且會影響我們與其他人相處的一種人際關係。

　　可以說我們和世界的所有關係都有著原生家庭的投射，成年後的我們身上很多性格缺陷都暗含著原生家庭的影響。

　　和朋友相處覺得自卑，不配得到，很難產生信任，可能源自原生家庭父母關係不和諧或互相傷害；

　　尋找另一半時本能追逐溫暖，一點關心就深陷其中，可能源自原生家庭長期缺乏關愛；

　　在婚姻中使用暴力或者懦弱無能，可能源自原生家庭父母有暴力傾向；

　　在事業中即使成功也焦慮不安缺乏安全感，可能源自原生家庭父母使用前途威脅恐嚇；

　　在工作中推卸責任，不懂合作，可能源自原生家庭的父母常常犯錯就批評指責……

　　精神分析學派大師佛洛伊德（Sigmund Freud）認為：早期的

原生家庭的投射：孩子關係模式的根源

親子關係與人格形成具有密切關係。後來大量的心理研究也顯示：早期的生活經歷，特別是原生家庭對個人性格的塑造發揮著至關重要的作用，對個人的生活會產生長期、深遠的影響。

曉靜是個溫柔恬靜的女孩，她個性好，成績好，很多同學都和她相處得不錯，可是只有曉靜心裡覺得自己很孤單，雖然她和每個人都能聊得來，但她知道有很多時候她都是刻意迎合，看著其他人都有無話不談的閨蜜，她也很羨慕，但是當有朋友熱情地示好，友好地邀請，她心裡反而會想要逃避，她很煩惱為什麼自己始終沒有一個真正的朋友。

曉靜找到了心理諮商老師傾訴她的煩惱，在老師的啟發下，她終於發現了問題的根源。曉靜小的時候父母經常在家裡吵架，而且從不避諱，吵完了架，父母就開始冷戰，小小的曉靜感到害怕和不知所措，她本能地以為父母吵架與她有關，是她不乖，於是她就去懇求媽媽不要生氣，不要和爸爸吵架，她會乖乖聽話，不惹父母生氣。

童年的曉靜經常經歷父母的吵架與冷暴力，這使她本能地將父母吵架的原因歸結於自己，長此以往，曉靜就會覺得真的是自己不好，自己是卑微的，是不配得到好的東西的，不配得到尊重與信任的，覺得自己不值得被愛。雖然已經是過去很久的事情了，連曉靜自己都不記得細節，更不會將自己長大後交友困難歸結於小時候的經歷。

這就是原生家庭對我們的影響，對我們人際關係的投射。

第七章　家庭是根：打造孩子的安全感與歸屬感

　　原生家庭的影響就像是藏在我們身體深處的驅動程式，在童年的時候寫下的錯誤程式碼，成年的某個時候就會啟動，做出我們自己都不理解的行為。

　　莉莉和大劉是一對情侶，生活在一起。最近他倆總是因為一些小事而發生爭吵，鬧得兩個人心情都不好。原因是大劉總是有一些不好的生活習慣。比如：上廁所總是不掀起馬桶蓋；刷完牙，牙膏就放在洗手臺上，不放回牙刷架；脫下的襪子總是隨手扔，有髒衣籃也不放；盥洗完的洗手間到處都是水漬也不擦乾……一開始莉莉還以調侃的方式提醒，次數多了便漸漸不耐煩也不理解：為什麼說了這麼多次還是不做，明明知道這樣做不對，還不改正，這不是跟我作對嗎？不顧我的感受，根本就不愛我！終於有一天兩人又因為東西亂放的問題爭吵，愈演愈烈，大劉吼：「不就是這點事，妳需要這麼計較嗎？」莉莉崩潰大哭。

　　需要嗎？對於莉莉來講需要。

　　我們來看莉莉的家庭生長環境，莉莉家中有三個孩子，莉莉排行老二，或許是因為傳統家庭觀念中的「大的親，小的嬌，苦就苦在當中腰」的觀念，身為老二的莉莉總是顯得沒有存在感，家裡沒人重視她說話，沒人記得她喜歡吃什麼，她要撿姐姐的舊衣服、舊鞋子穿，因為大床空間不夠，只好讓她去奶奶房間擠小床……

　　就像是韓劇《請回答1988》中的老二德善一樣：早上家裡只

剩 2 個雞蛋，一個給了姐姐，一個給了弟弟，媽媽對德善說德善不喜歡吃雞蛋，喜歡吃醃豆子，和媽媽一樣；因為生日和姐姐差三天，總和姐姐合到一天過，而從沒有過屬於自己的一個生日，德善總是被忽視、被將就的那一個。

莉莉也一樣，所以莉莉內心渴望有人關心她、重視她，找另一半時也是以此為標準，希望找到一個滿眼是她、重視她的一切的人，他必須要理解她，並且懂得傾聽。

但是大劉的屢教屢犯，讓她覺得自己說的話沒有人重視，完全被忽視，就好像回到了當年那個家中的小女孩。

但是這些都是很隱祕的心理深層的原因，在與大劉爭吵時，莉莉是沒有意識到這些問題的。她並不會將她的憤怒和不滿與她的原生家庭聯想到一起，也不會想到自己和伴侶關係的處理引發了她心底的不安全感。其實她在爭吵和爭取的並不是那些東西究竟是不是應該放回原位，而是自己的價值。她的心底在吶喊：我要你重視我，重視我所說的話！

反過來看大劉，大劉的媽媽是一個控制欲很強的人，大劉從小無論大事小事媽媽處處都要過問，就連交友都要干涉。長大後的大劉反而想要一個隨心所欲的環境，當然這些也都是他潛意識的作為，表現在日常生活中就是物品亂堆亂放了。

原生家庭的關係投射到他們現實的情侶關係上了。莉莉就糾結大劉是不是不愛她了，而大劉只覺得莉莉小題大做，沒事找事。

第七章　家庭是根：打造孩子的安全感與歸屬感

如果他們兩個意識到這是自己原生家庭對自己造成的影響，溝通時不只顧發洩情緒，那麼事情就會得到好的解決。莉莉可以直接說出自己的感受：「我從小就是一個沒有存在感的人，我覺得你這樣是不重視我說的話，不在乎我，我感覺自己很沒有價值，很受傷害。」大劉也明白了她生氣的真正原因，就可以說出自己的想法：「我怎麼會不在乎妳呢，我只是不想被處處約束，在自己家都感覺沒自由。」這樣，大家討論的核心就到了問題的本質上來了，不再只是進行一味地指責和發洩，浪費時間，傷害感情。

我們再來看原生家庭對於其他方面人際關係的影響。比如我們與同事的相處和關係上。假設你們組別負責的專案沒達成預計目標，當上級問責時，很多人就會解釋說這是流程問題，是別的部門不配合的問題，或者是某個成員的失誤，總之，不是我的問題。

原生家庭關係對於成為家長的人的影響，更體現在親子關係上。很多家長和孩子的相處，也能窺見一些家長小時候的影子，比如孩子打翻了水杯，弄髒了鞋子，玩壞了玩具，家長第一反應就是：我都叫你小心點了！將自己的責任釋出：這件事與我無關，是你的問題。

這些潛意識地將錯誤歸咎於外部因素或者他人的行為，可能就是因為家長小時候犯了錯，遭到過訓斥或者懲罰，那種被指責的感受太差，導致潛意識形成避免懲罰的反射，出現錯誤

的時候，將矛頭對準孩子，就會避免自己面對這個錯誤和懲罰。

這種行為更典型地表現在家長陪孩子寫作業的時候。

家長全心全力在盯著孩子，孩子卻一會兒東張西望，一會兒玩橡皮擦鉛筆，一會兒又渴了、餓了或上廁所⋯⋯要不就是一題數學教了半天也不會，半個小時的作業量能拖拉兩個小時。父母催促：「別玩了，快點寫！」更有用嚇唬孩子的方式：「寫不完看明天怎麼交，交不了作業老師就罰站，你的同學都笑你！」要麼就是：「這麼簡單你怎麼不會呢？」但是語言的刺激並不能加快寫作業的進度，家長越著急孩子越慢，甚至犯基礎的錯誤，到最後父母實在控制不住，崩潰發飆。

家長也不明白為什麼平時溫文爾雅的自己，在面對做作業這件事的時候容易失控。

這或許跟他們童年的經歷有關，也許是小時候他們寫作業遇到的難題，也許是來自大人的批評或指責，就像是現在催促自己的孩子一樣，可能具體的事情已經記不清楚，但是那些經歷留下的不愉快的感受卻刻在了腦海隱祕的角落裡，所以當再次面對寫作業這件事，潛意識中的負面情緒就會洶湧而來，帶我們回到那個曾經痛苦無力的自己。

當然這在當時也是意識不到的，只會感受無力和崩潰，並任由負面的情緒發洩。

當我們知道自己的無力來自自己的原生家庭影響，就會重新思考怎麼對待陪孩子寫作業這件事。

◆ 第七章　家庭是根：打造孩子的安全感與歸屬感

　　我們回想一下或者試想一下就會意識到，寫作業的時候大人站在身邊的感受，簡直如芒在背。父母的緊盯不捨對孩子造成很大的壓力，孩子的精力會用在提防父母說不定哪個時刻會生氣，心裡緊張就更容易犯錯，精神更難以集中，效率自然更低下。

　　知道了這些，對於我們為下一代創造原生關係帶來一些警示和啟示。身為父母一定要提醒自己：我現在就是孩子的原生家庭，我的言行舉止關係到孩子以後的性格，甚至幸福！

　　遺憾的是很多人一直意識不到，讓親子關係就這樣一代一代惡性循環下去。

面對叛逆：引導勝於指責

　　孩子的成長發育過程中一般會出現三個叛逆期：2歲至3歲的幼兒叛逆；7歲至9歲的兒童叛逆；12歲至18歲的青春期叛逆。

　　比起普遍談論和認知較多的青春期叛逆，幼兒叛逆和兒童叛逆似乎更不為人所熟知，自然也不那麼重視。家長面對孩子種種不恰當或者出格的行為時，並不知道這是叛逆，第一反應就是不聽話，採用的方式也是教育，甚至懲罰，而從來就沒考慮過孩子為什麼會這麼做。

　　從兩三歲起，孩子自我意識逐漸覺醒，對於命令和指揮會本能地反感，他們會排斥自己不喜歡的東西，不再對父母言聽

計從。他們想要證明自己的存在感，想要按照自己的意願去做事。這也就是為什麼家長會覺得孩子突然變得不聽話。

兩歲半的欣欣非要看手機，媽媽不允許，欣欣開始哭鬧，爺爺奶奶交出自己手機，給了欣欣，媽媽只好妥協：「那就看20分鐘。」轉身去忙別的。等媽媽忙完想起來的時候，就出來提醒欣欣該放下手機了，欣欣卻再次一哭二鬧，這次媽媽強硬地搶過了欣欣的手機，並且懲罰欣欣站在牆角反省，轉身對爺爺奶奶說，都不許理她，我們吃飯。欣欣再次嚎啕大哭，一家人悶悶不樂，午飯也食不知味。

欣欣做不了自己想做的事，就開始無理取鬧，媽媽採取的方式要麼是以暴制暴，要麼是冷處理，不予理睬，而且要求欣欣自己反省。其實讓兩歲半的孩子自己想明白去反省，這樣的要求本來就不合理，這樣做只會造成兩種結果，要麼孩子迫於恐懼屈服認錯，要麼激起更大的叛逆，家長無奈低頭。

欣欣有這樣的表現其實並不是一天造成的，想要有所改善也不能一蹴而就，案例中媽媽的做法就是想要在出現問題時用命令或者強行介入來馬上見到效果。

首先媽媽需要理解，對於欣欣來說時間的概念很模糊，對於什麼時間應該做什麼事情也沒有概念，媽媽可以從日常生活中讓孩子慢慢建立時間的概念，比如認識鐘錶、看計時沙漏，可以非常直觀形象地看到時間一點點地流走。

對於時間有初步的了解後，就可以將日常生活的事項做輕

第七章　家庭是根：打造孩子的安全感與歸屬感

重緩急的分類，以及約定做這些事情的時間。比如睡覺就屬於重要的事，而看手機就不是，睡覺需要在晚上九點，而每次看手機的時間為 20 分鐘。這裡需要注意的是規則的制定過程需要孩子的參與，這樣他們會更願意執行，還有一點就是一定要有耐心和長期堅持的準備，一開始執行時間管理肯定不會很順利，需要家長以身作則地示範及多次的刻意練習。

3 歲的娜娜在生日的時候，收到了一個生日禮物，是一條漂亮的裙子，娜娜非常喜歡這條裙子，每次出門都要穿著。一天外面下了雨，氣溫下降，媽媽要帶娜娜去超市，便替娜娜找了長袖衣褲，要幫娜娜換上，娜娜卻去衣櫃拿出了裙子：「我要穿這個。」

媽媽解釋說：「今天外面很冷，不適合穿裙子，不然會著涼的。」

娜娜根本聽不進去：「我就要穿這個。」

媽媽繼續耐心解釋：「既然妳堅持，媽媽尊重妳的選擇，但是媽媽想告訴妳的是，外面的溫度比平時低，妳的小手臂和小腿沒有衣服保護可能會感覺很冷，也有可能著了涼回來感冒發燒，不僅不好受，還要打針吃藥，妳看媽媽怕生病都穿上了外套和褲子呢。」娜娜想了一會兒說，那還是聽媽媽的吧。

娜娜堅持在雨天穿裙子，並不可以直接定性為無理取鬧，只是孩子的認知並不全面，堅持只是單純地覺得我想要，考慮不到事情的後果。這個時候家長如果強硬地違背孩子的意願，必然會加重孩子的叛逆情緒。娜娜媽媽的做法就具有參考意

義，家長可以先向孩子說明這樣做需要承擔的風險和後果，孩子經過思考後，也可以做出理智的選擇。

天天剛從外面玩回來，進屋就想拿桌上的零食吃，媽媽制止道：「還沒洗手呢，快去洗手！」說完就去廚房準備做飯的食材了。天天嘴上答應著，看媽媽正忙著，顧不上他，就直接拿了零食吃起來，根本沒去洗手。媽媽轉身看見天天已經吃了起來，非常生氣：「在外面玩了半天手多髒啊，怎麼能不洗手呢？」天天狡辯：「我洗了，媽媽只是妳沒看見。」媽媽明知他只是狡辯卻又沒有辦法，只好說道：「罰你只能吃這一個，剩下的不許再吃了。」天天馬上把手裡那一個餅乾放進嘴裡，把剩下的放回桌子上。但是等媽媽做完飯從廚房出來時，桌上的餅乾已經只剩包裝袋了。

天天的行為是叛逆的另一種表現，即陽奉陰違拒絕承認。這是孩子在和家長鬥智鬥勇的過程中總結的戰術：犯錯被看到肯定會挨罵，那我就不讓你看見，我偷偷做。其實這是為了逃避懲罰，聯想到天天媽媽的嚴厲和急躁，天天有這種行為也就不難理解了。

其實天天的媽媽想要改變這樣的局面，首先就要克制自己用簡單粗暴的懲罰的習慣，需要耐心和一點小智慧。針對天天不愛洗手這件事，媽媽可以從日常生活中做起，帶天天看一些關於細菌病毒的科普書或者影片，讓天天了解到細菌和病毒無處不在，以及對人體的危害。等到天天沒洗手直接抓向餅乾的

第七章　家庭是根：打造孩子的安全感與歸屬感

時候，媽媽就可以提醒他，想像一下，沒洗過的手布滿了細菌病毒，要是拿這樣的手去抓餅乾會怎麼樣？

叛逆期的表現很多，也很容易覺察：比如上面例子中的無理取鬧，又比如和父母硬碰硬，還有像天天那樣陽奉陰違，嘴上答應了，實際偷偷違反，更有以沉默抗議，家長無論說什麼，孩子都以沉默回應。這是因為孩子意識到語言上的辯駁對於父母無法發揮作用，只能以這種方式回應。這樣的行為其實更應該引起父母的重視。

孩子叛逆的表現或是為了得到自己想要的或是為了逃避挨罵和責罰，其根本原因是想要獲得大人的尊重和關注。所以，面對孩子的叛逆，總體的原則就是慢下來，別著急，學會尊重和傾聽。父母一定不要簡單粗暴地喝斥或命令，我們需要看清楚孩子究竟是什麼訴求。

父母應該加以正確地引導，不強迫，不壓制，想辦法打開孩子的心扉，讓孩子說出真實的想法，順利幫助他們度過每一個叛逆期，成長為一個自信獨立的人。

以身作則：讓孩子感受到愛與價值

在簡‧尼爾森（Jane Nelsen）的《正面管教》一書中，作者有這樣一句話讓我感觸頗多──「歸屬感和價值感是所有人的首要目標，孩子尤其如此。」大人們知道尋求歸屬感和價值感的正

確方式,如努力工作、辛勤奮鬥。孩子們也同樣需要歸屬感和價值感,但是孩子們因為生長發育和認知的局限會導致他們出現尋求錯誤的歸屬感和價值感的行為。

同時,這本書也告訴了我們孩子追求錯誤的歸屬感和價值感的主要表現,它們分別為:尋求過度關注、尋求權利、報復和自暴自棄。

3歲的多多正在客廳玩積木,媽媽接到一個朋友的電話,多多突然跑過來:「媽媽,妳看我堆的城堡好不好看?」媽媽做了一個「噓」的手勢,多多繼續拉著媽媽的衣服:「媽媽快來看看嘛!」媽媽只好先和對方說句不好意思稍等,然後對多多說:「等媽媽打完電話就來好嗎?」也不等多多回答就繼續電話內容,多多走回去繼續堆積木,這時城堡重心不穩倒塌了,多多立刻朝著媽媽喊:「媽媽,媽媽快過來,我的積木塌了!」媽媽沒有停下電話,直接用手勢和眼神告訴多多等一下,多多不依不饒:「媽媽快過來呀,快過來呀!」媽媽繼續示意多多等一下,但是多多開始將其他積木也推倒,並四處亂扔,媽媽只好匆忙結束了電話。

多多在媽媽打電話的過程中不斷地去打斷媽媽,吸引媽媽的注意力,她的行為是要透過別人的關注從而確定自己的存在感,如果你不關注我,那我就什麼也不是。這樣的行為就是典型的尋求關注的行為,多多透過這種行為來找到自己的歸屬感和價值感。

◆ 第七章　家庭是根：打造孩子的安全感與歸屬感

　　但是這樣的行為令大人感到煩惱和不耐煩，如果換一種方式讓孩子獲得關注，孩子會覺得興味盎然，比如面對多多這種行為，有的媽媽就告訴孩子：你看著鐘錶上的指針，當它轉了五圈的時候，媽媽就打完電話了。

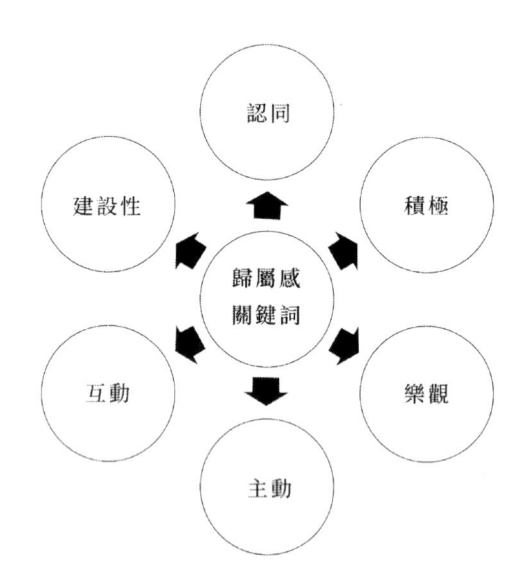

```
             認同
   建設性           積極
         歸屬感
         關鍵詞
   互動             樂觀
             主動
```

歸屬感關鍵詞：認同、積極、樂觀、主動、互動、建設性

　　5歲的琪琪到了睡覺時間還是在看電視，媽媽過來提醒，琪琪說：「我就看完這一集。」媽媽看還剩不到十分鐘，於是同意了。等過了一會兒媽媽再來看的時候，卻發現琪琪已經跳到了下一集，媽媽有點生氣：「時間已經到了，現在關掉電視去睡覺。」琪琪卻不予理睬，媽媽更加生氣，強制關掉電視機，並命令琪琪躺到自己床上去，琪琪站在原地也爆發了：「我不睡，壞媽媽，壞媽媽！」媽媽強行把她抱到床上，琪琪仍然反抗，媽媽吼了起來：「快點睡覺！」

琪琪大喊：「我不要！」媽媽忍無可忍，打了琪琪的屁股一巴掌。

琪琪的表現是尋求歸屬感和價值感的另一種錯誤表現方式，即尋求權利。琪琪知道她自己應該睡覺了，可是她採用看似請求的方式讓媽媽答應了她看完這一集，其實琪琪已經贏了媽媽，這讓她感覺不錯，但是媽媽後來動用了家長的權力，強制關掉電視，強制讓她回到床上，這激起了琪琪的「鬥志」，她要和媽媽抗爭，並且要取得勝利。

很多人會問為什麼孩子要這樣做，其實這就是有些孩子在透過獲得自我的控制力來獲得價值感，即使最後並未成功，但是在這個過程中，能讓大人暴跳如雷，也能使孩子獲得勝利感。反過來想想我們大人，為什麼一定要在和孩子的較量中獲勝，不也是同樣的原因嗎？我們都希望自己是說了算的那個。

那麼如何避免家長和孩子陷入這樣的「權力之爭」呢？首先我們必須警惕，當家長和孩子中任何一方想要擁有「說了算」的念頭時，對抗就開始了。比如上面案例中的媽媽在命令琪琪關掉電視時，孩子感受到媽媽的情緒，激起她的反抗，媽媽無法控制女兒，則惱羞成怒，一定要讓孩子屈服，最後媽媽動手，使對抗升級。家長要避免這個對抗的開端，放棄用家長的強權來制服孩子的念頭，這是最根本的原則，然後可能還需要耐心和理解。

第七章　家庭是根：打造孩子的安全感與歸屬感

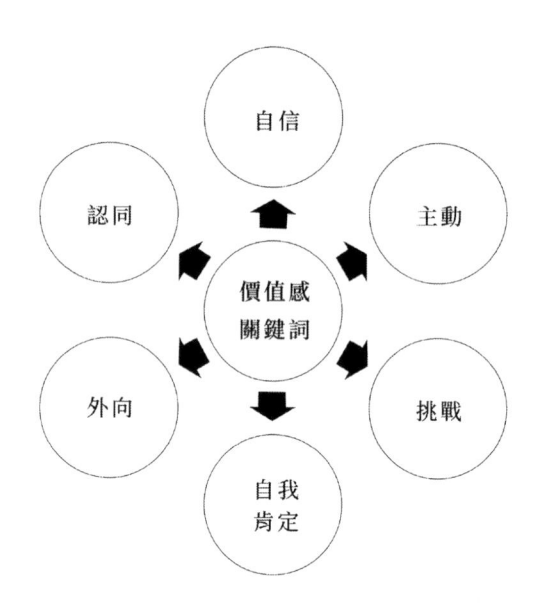

```
          自信
            ↑
認同  ←  價值感   →  主動
         關鍵詞
外向  ↙    ↓    ↘  挑戰
          自我
          肯定
```

　　媽媽可以去了解吸引琪琪的原因，陪著琪琪看這一集節目，定好時間，結束的時候溫柔提醒，還可以一起討論劇情並且期待明天看電視的時間，如果家長報以尊重的態度，就會發現孩子非常樂意回應。

　　尋求錯誤的歸屬感和價值感的方式還有報復和自暴自棄。在權力之爭中受挫的孩子可能出現報復行為，如摔東西，故意對家長製造麻煩，甚至傷害他人，以此來追求價值感。但是受挫嚴重的孩子有可能會演變為自暴自棄，他會認為自己做什麼都沒有用，既然怎麼做沒有用，那就什麼都不做，徹底放棄努力。

　　我們知道了錯誤的行為會導致孩子尋求錯誤的歸屬感和價值感，那麼我們就來以身作則將它改正吧！

首先，不能替孩子下定義。我們雖然了解了孩子們行為背後的心理因素，但是不能以此來指責孩子：「你不就是想要這樣做來報復媽媽嗎？」這樣的話會更嚴重地傷害孩子。我們的目的是了解了孩子心裡真正是怎麼想的之後，才知道怎麼做。

其次，對症下藥。對於尋求關注的孩子，我們可以給他們新的關注點，將注意力從關注的人身上轉移；當我們意識到我們或者孩子有「誰說了算」的念頭時，應立即停止，避免對抗加劇；當孩子將價值感藉助在報復上時，不要忙著斥責，我們要找到孩子內心真正的原因和訴求；當孩子對自己失望放棄時，我們可以帶他換換環境，找出他想做的事，哪怕只有一點點興趣，然後要陪伴孩子做一些能夠建立信心的小事，而且始終堅信孩子可以。

透過我們的語言和行為，孩子可以準確地感知到我們的情緒，就我們想要以身作則做出改變而言這真是幸事。還有最重要的，就是愛，我們愛孩子，孩子更愛我們，這讓我們有機會得以重新校正自己的行為，幫助孩子同時也是幫助我們自己尋求到正確的歸屬感與價值感。

修復家庭關係：和諧是最好的養分

「你是怎麼回事啊？作業寫完了嗎？又開始玩遊戲！」媽媽衝著壯壯吼道。「媽媽，我有做作業計畫，我準備⋯⋯」「少廢

第七章　家庭是根：打造孩子的安全感與歸屬感

話，趕緊去寫作業，寫不完別想吃飯！」壯壯不情願地放下手機，去寫作業。吃晚飯的時候媽媽又說道：「這次的數學測試，成績不升反降，再這樣下去哪行啊？我替你報了個數學補習班，這週六就開始上課，到時候你可得好好聽！」「可是媽媽，我週六約了同學打球，都說好了。」「還天天想著玩呢？你成績怎麼樣自己不知道嗎？再說你那些朋友，個個成績都不怎麼樣，你呀以後少和他們玩，多跟班上第一名的同學交流，你看人家，每次考試都滿分，個性好，還懂禮貌，真不知道你什麼時候能讓我放心！」

你要是說壯壯的媽媽不愛孩子，那似乎不公平，壯壯媽媽肯定也覺得委屈死了：我怎麼不愛孩子？我都是為了他好啊！

就是這句，為了孩子好，多少父母打著為孩子好的旗號，卻做著傷害孩子的事呢？

高高在上地指責孩子的缺點，然後替孩子做所有決定：決定他什麼時候寫作業，決定他報名什麼補習班，決定他什麼時候玩，決定他交什麼朋友，等他長大後是不是還要決定他找什麼樣的工作、找什麼樣的另一半？這是正常的親子關係嗎？這是正確的表達愛的方式嗎？不是，這是家長為了撫慰自己的焦慮而對孩子的控制。我們小的時候似乎習慣了父母的指責、老師的批評，覺得太正常了，我們都是這樣長大的，家長不就得這樣管孩子嗎？所以當我們成為家長，就有樣學樣地端著家長的架子，手握著父母的權威，對孩子發號施令，並且還期望孩子唯命是從。

但是父母沒有意識到，時代的變動早已改變了我們的社會氛圍和價值觀，民主的理念已經在我們的文化中蔓延開來，孩子對這種趨勢的感知非常敏感。他們意識到自己具有平等自由的權利後，自然不會容忍成人的獨裁和支配。

父母如果還想要以「我是你媽媽／爸爸，你就得聽我的」或者「小孩子懂什麼」的觀念來教育孩子，必然遭受反抗和挫敗。

既然如此，那父母放低姿態，給孩子絕對的自由，為孩子服務，一切以孩子為主導不就行了？試想一下我們就知道，這樣的例子也不是沒有，結果就是會培養出個「小霸王」，大人們變成了奴僕。

彬彬早上起床坐在餐桌前等著媽媽的早餐，媽媽和藹地問：「寶貝，今天想吃什麼早飯啊？」彬彬想了一下答道：「我想吃雞蛋煎餅。」媽媽說：「媽媽覺得昨天剛吃煎餅，所以今天就替你準備了麵包和牛奶，我們換換花樣好不好？」「我不要，我就要煎餅！」彬彬的媽媽秉持著父母不強制，一切讓孩子主導的思想，答應道：「那好，我們就吃煎餅，不過你需要稍等一會兒。」彬彬邊等媽媽的早餐邊看媽媽手機裡的兒童小廚房節目，當他看到節目裡播出怎樣製作餃子的時候，又對媽媽喊道：「媽媽，我想吃餃子！」「餃子現在做來不及啊，只能出去買冷凍水餃了。」「那妳去買吧媽媽，我就要吃餃子。」

就這樣彬彬的媽媽又趕緊出門去買水餃。

這還只是早上，一天剛剛開始，媽媽就被彬彬指揮得團團

第七章　家庭是根：打造孩子的安全感與歸屬感

轉，可想而知一天下來媽媽得有多累啊！所以這樣的關係是我們想要的嗎？這是正常的愛的表現嗎？不，這不是愛，這是溺愛。

那麼我們究竟應該以什麼樣的姿態和孩子相處？父母與孩子之間正常且有益的關係應該是什麼樣呢？

筆者以為應該像合作夥伴的關係。把家庭的發展和每個人的成長當作一項長久的事業來經營。父母和孩子是這項事業的合作夥伴，又都是同一個家庭關係中的組成部分，目標是整個家庭的和諧和發展，為了達到這個目標，我們共同合作，每一個人都享有相應的權利，也要承擔相應的義務。

在家庭關係中，父母不再是絕對的權威，不能以命令、恐嚇、懲罰來對待孩子，孩子擁有自主的意識，擁有發言的權利。同時每個人也必須承擔相應的責任，除了自己的事情自己做，還要共同分擔家務，依據個人能力為家庭生活做出貢獻。

合作建立的基礎是平等、尊重、信賴。這也正是我們應該對待孩子的態度。家長和孩子都可以在這樣的關係中互相學習、互相監督，提高能力，幫助彼此找到真正的歸屬感和價值感。

這裡要明確的一點是我們只是借用合作關係來比喻一種狀態，但是二者是有區別的，最大的不同就是孩子與我們天生的血緣關係。這種關係會孕育世間最偉大的力量──愛。

泰戈爾的詩寫道：「我的孩子，讓你的生命到他們當中去，如一線鎮定而純潔之光，使他們愉悅而沉默。」

不用懷疑孩子對父母的愛，孩子對於父母的愛是最純粹的，孩子的純真擁有治癒一切的力量，即便是成人，也需要愛的力量治癒我們現實中的種種創傷。

孩子愛父母，同樣父母也要愛孩子，孩子的成長過程中會遇到許多的困難和阻礙，它們可能來自老師、同學、朋友，甚至陌生人，來自自我的探索和追求。這時候，什麼是他們的精神力量？是什麼使他們內心強大，能夠支撐他們解決一個又一個難題？

答案還是愛。是來自父母的愛。有人會說：哪有父母不愛自己孩子的呢？的確，父母奔波勞碌一生就是為了替孩子創造一個好的生活環境，孩子生病父母恨不得自己能代替，為了孩子父母可以付出自己的一切。

但是孩子真的感受到父母的愛了嗎？生活當中我們常常這樣表達：「這次考試考得好我就買新衣服給你。」「作業做完了才可以出去打球。」「你再不聽話我就不要你了！」「你這樣是沒人喜歡的。」

這樣的表達孩子接收到了什麼？爸爸媽媽只愛成績好，只愛我聽話，並不愛我。這樣的愛是有前提的，有條件的：「只有你怎麼怎麼樣，我才愛你。」所以，孩子學習不是出於我喜歡學習，探索學習的樂趣，孩子的目標和驅動力是物質獎勵，是害怕失去，孩子的內心會產生價值感的缺失，認為自己不值得，配不上。

◆ 第七章　家庭是根：打造孩子的安全感與歸屬感

　　只有無條件的愛才能產生無條件的信任和依賴。所以，我們愛孩子，一定要讓孩子感受到，並且深信不疑。「媽媽買給你新衣服、新鞋子與你考得好不好沒關係，買衣服、鞋子是正常的事情。」同樣打球是正常的課外活動，與作業也沒有關係。切記，表達愛意是最重要的，一定讓孩子感受到你的愛。相信孩子對於你真誠的愛的感知是非常敏銳的。同時表達並不只是停留在口頭上，更體現在行動上，當孩子感受挫敗時，不論是家庭帶來的還是外部帶來的，有時只需要一個擁抱，就能給予莫大的安慰。

　　但是注意無條件的愛並不是溺愛。溺愛是孩子無論做什麼，家長都不予糾正，孩子沒有明確的是非觀，不知道錯與對的邊界，反而使孩子的價值觀更加混亂。

　　所以家長要給予孩子無條件的愛，同時要負起家長應有的責任。我們的理想狀態是家長給予孩子無條件和無限的愛，作為孩子精神永恆的支撐力，來自像合作夥伴一樣的一路輔助和提供實戰能力，那麼孩子必將在人生道路上披荊斬棘，勇往直前。

遠離暴力：言語與冷暴力的隱形危害

　　提到暴力我們會想到什麼？拳打腳踢、頭破血流、不忍直視？這些都是顯性的暴力，但其實在我們的親子關係中還有很多不易覺察的，傷害程度不亞於甚至超過顯性暴力的行為，那

就是隱性暴力。

當孩子做得不好的時候,一句諷刺的話,你會認為這是暴力嗎?當孩子不配合的時候,對孩子嘮叨做母親的不容易,你會認為這是暴力嗎?當孩子因為不懂事而犯錯的時候,對孩子擺一張冷冷的面孔,你會認為這是暴力嗎?但這些還真的都是暴力。

藏在我們親密關係中的隱形暴力有認知暴力、語言暴力和冷暴力,下面我們就進入生活的場景,來分析一下這三種影響巨大的隱形暴力。

認知暴力本身是一個社會學名詞,指的是帝國主義以科學、普遍真理和宗教救贖這樣的話語形式對殖民地文化進行排斥和重新塑造的行為。當認知暴力延伸到我們的生活,我們可以把它理解為剝奪孩子的自主權、認知權。

家長往往打著講道理、「我為你好」的旗號,對孩子的認知和行為進行塑造。在認知暴力中,家長就像蠻橫的帝國主義,孩子就像是被父母控制侵略的殖民地,逐漸喪失自己的認知、愛好,成為「工具人」或者父母的附屬品。

補習班、才藝班別人家孩子都有上,我家孩子也必須上,一個也不能落後;孩子貪玩不愛學習,那就送他到封閉式管理學校;升大學考試是改變命運的轉捩點,考不上好的大學一輩子就完了,必須全力以赴,考試前一切興趣愛好和娛樂活動完全禁止。

第七章　家庭是根：打造孩子的安全感與歸屬感

孩子怎麼想的，孩子喜不喜歡，那都不重要。我們是過來人，我們吃過的鹽比孩子吃過的米都多，等長大了你明白了就會感謝我的。孩子在家長這種認知暴力中成長，有些人看起來似乎還很優秀：很多孩子班級前三，鋼琴檢定十級，考上了一流大學……只是有多少人關心背後的代價，第一名，十級，名校，然後呢？這些孩子怎麼樣了？

有一個知名大學的孩子，今年上大二，按說父母應該欣慰，但是媽媽非常苦惱，原因是孩子出現了嚴重的叛逆行為，自從進入大學以後，完全不想學習，整天上網，沉迷遊戲，期末考試科科不及格，媽媽傷心的同時又十分不理解，為什麼？孩子高中明明是一個品學兼優的好孩子啊！在深入了解以後發現，原來這個孩子在國中時候學習一般，父母擔心以後考不上大學或者只上個普通學校沒有前途，便在他進入高中的時候，將他送到了以名校錄取率出名的私立學校。孩子剛開始反抗，但敵不過父母的堅持，只得妥協。高中三年變成一個沒有感情的考試機器。最後結果我們也看到了，到了大學以後，孩子瘋狂反彈，家長傷心無奈，只得求助心理醫生。

這不是危言聳聽，因為認知暴力造成的結果並不是即刻顯現的，而且極具迷惑，表面會造成美好的假象，甚至成為家長追求和模仿的對象。但從長遠來看，它對孩子的心理影響是深遠巨大又糟糕的。很多人成年後還有被成績支配的恐懼，看到有人某一方面比自己突出便會陷入焦慮。

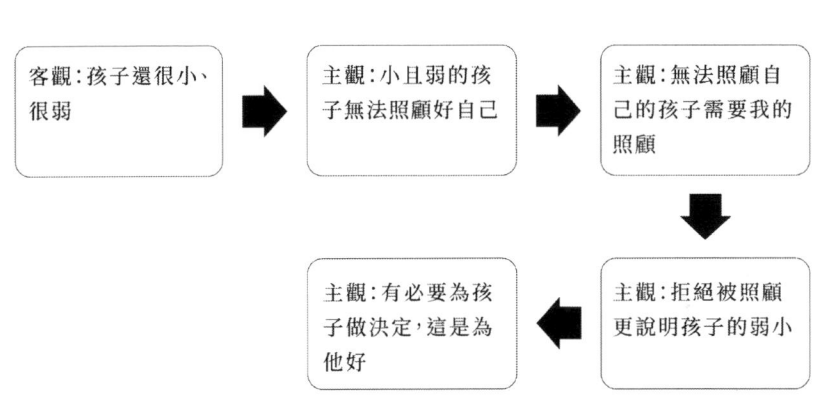

```
客觀:孩子還很小、  →  主觀:小且弱的孩   →   主觀:無法照顧自
很弱                    子無法照顧好自己         己的孩子需要我的
                                                照顧
                                                        ↓
         主觀:有必要為孩   ←   主觀:拒絕被照顧
         子做決定,這是為        更說明孩子的弱小
         他好
```

家長認知暴力的決策過程

我們必須明白,孩子是一個獨立的個體,有獨立意識、思考能力。他們不是我們手中的黏土,任由我們揉捏成我們想要的樣子。而且就算變成家長期望的樣子,那也是一具沒有靈魂的軀殼。培養孩子的目的不是讓孩子按照我們的意願來,而是引導孩子成為更好的自己。

如果說父母在親子關係中使用最多的暴力行為,首先就是言語暴力。與認知暴力相比,言語暴力則是一種較為顯性的傷害,也容易被人察覺。

言語暴力被定義為使用詆毀、蔑視、嘲笑等負面的、惡意的語言,致使他人的精神上和心理上遭受到侵犯和損害,屬於精神傷害範疇。

在家庭和學校言語暴力隨處可見:「你事情怎麼這麼多,快點,我很忙。」「你都那麼胖了還吃。」「真是受不了你。」「怎麼這麼笨,這麼簡單都學不會。」「這樣長大能有什麼出息。」「別

第七章　家庭是根：打造孩子的安全感與歸屬感

給臉不要臉。」……

我們似乎能看到父母用一根手指指著孩子鼻子，嘴裡說出暴力的語言，隨意地發洩著自己的不滿，而孩子低著頭沉默、無助……那我們來看發生在我們身邊的因為言語暴力引發的真實的悲劇。

一名國中生因為在教室玩撲克牌，在被老師和家長指責後，翻身跳下教學樓；一名高二女生因為談戀愛被老師當眾羞辱，跳樓身亡；一位高中生因為和同學鬧矛盾遭到媽媽的責罵，孩子跳下行駛中的汽車從大橋上跳下……

這一個個鮮活生命的消失難道還不足以帶給我們警示嗎？還不足以讓我們反思我們和孩子的溝通方式嗎？

隨著孩子慢慢長大，自我意識越來越強烈，言語暴力帶給他們的衝擊更加難以接受，以至於造成令家長痛心疾首和不可挽回的局面。所以我們從孩子的第一個叛逆期開始，和孩子溝通的時候就應該注意語言的運用。

有親子作家就指出：「非暴力溝通指導我們轉變談話和聆聽的方式。我們不再條件反射式地反應，而是去了解自己的觀察、感受和願望，有意識地使用語言。」

第一，換位思考。

當我們站在孩子的角度去思考，理解他們的感受和行為，一切就變得不一樣，我們會發現孩子總是願意和父母分享、願

意和父母討論。在我們和孩子交流過程中，試著多用這樣的句子：「是嗎？那你怎麼想？」「你覺得怎麼做比較好？」「你當時是什麼感覺？」孩子會覺得被尊重，而且有同伴，並不是一個人在戰鬥。

第二，給予孩子發言權。

「人非聖賢，孰能無過。」沒有人是永遠正確的，這句話放在家長和孩子身上同樣適用，可是我們面對孩子總是有一種莫名其妙的自信和優越感，總把自己認為對的強加給孩子，還美其名曰：為你好。同樣對一件事，每個人都可以有自己的看法，這是每個人的權利，我們都認同，但是當孩子提出質疑時，為什麼我們就感覺不屑一顧甚至感到被冒犯呢？我們應該正確理解「每個人」的含義，將這種權利延伸到我們的孩子，我們和孩子也可以平等地溝通交流：「我同意你的看法。」「我覺得你說得有道理，但是我有其他的想法，你聽聽看。」

第三，引發孩子的思考。

孩子難免有不當的語言和行為，在孩子犯錯時，怎樣能夠讓孩子意識到這樣做是不對的，又能讓孩子接受，並且引發孩子的思考呢？比如一個孩子搶了別的小朋友的玩具，媽媽制止了以後對孩子說：「你知道搶玩具不好，你也不希望其他小朋友這樣做，那你為什麼還要搶別人的玩具呢？」媽媽看似很和善，但是本質還是說教，說教是會引起孩子反感的。媽媽可以換成其他的溝通方式，當這件事過去後，媽媽可以找一個時間問孩子：

第七章　家庭是根：打造孩子的安全感與歸屬感

「有件事媽媽很疑惑。」孩子便會好奇是什麼，這時媽媽再說：「有兩個小朋友在一起玩的時候，其中一個小朋友搶了另一個小朋友手裡的玩具，你覺得那個被搶的小朋友會怎麼樣？」「那他肯定很傷心！」「那你覺得搶玩具的小朋友是怎麼想的呢？」「他肯定很喜歡那個玩具」或者「他之前也被搶過玩具」。媽媽仔細聽著孩子的回答，繼續提問：「那你覺得這樣能交到朋友嗎？他們應該怎麼做才能都快樂地繼續玩玩具呢？」

在認知暴力和言語暴力之外就是冷暴力，對於冷暴力，曼徹斯特大學的心理學教授埃德．特洛尼克曾經做過一個「靜止臉」實驗。

實驗對象是一名 1 歲左右的嬰兒和他的母親。實驗剛開始的時候，媽媽與孩子正常互動，孩子很開心，也非常熱情地回應媽媽。接著靜止實驗開始，無論孩子做什麼，媽媽都不能給予回應。孩子剛開始疑惑，隨後試圖用各種方式引起媽媽的注意。他先是衝著媽媽微笑，見媽媽毫無反應，便又用手指向其他地方，媽媽仍然面無表情。當孩子發現無論自己怎麼做都得不到媽媽的回應時，便開始在嬰兒座椅裡掙扎扭動，煩躁不安，最後崩潰大哭。

實驗顯示：媽媽對孩子沒有回應的時候，孩子心跳加速，並且導致體內的壓力激素上升。

由此得出人從嬰兒時期開始，便對情感回應有強烈需求，可見家長的回應和互動對於孩子的影響多麼巨大，又是多麼重

要。當家長對於孩子的訴求視若無睹時，其實我們在對孩子使用冷暴力。但是很多家長利用孩子恐懼的弱點，將冷暴力當作懲罰的終極手段，最後很多孩子乖乖就範，冷暴力甚至被很多家長視為「育兒法寶」。現實生活中我們常常見到這樣的場景。

孩子犯了錯，媽媽說教甚至斥責都不管用，便轉身離開，然後無論孩子說什麼、做什麼，媽媽都是冷著一張臉，孩子感到害怕無助，終於妥協帶著哭腔：「媽媽我錯了，我下次不這樣了，妳不要不理我！」媽媽終於得到了想要的結果，結束這場冷戰。

我們知道夫妻間的冷暴力，或許也感受過來自職場的冷暴力，那種被孤立、被漠視的感覺，讓身為成年人的我們都感覺到壓力巨大，無所適從，可想而知對於一個孩子實施冷暴力時，他內心的無助和恐懼。

暴力並不只是拳打腳踢，隱形的暴力有很多，而且往往傷害更大，希望我們每個父母記住，我們的目的是能讓孩子幸福成長，擁有健全的人格，別用錯了方式，本末倒置。

父母的定位：避免角色錯位的教育陷阱

今天是嬌嬌爺爺的生日，全家人都很高興，約了親戚朋友準備到飯店吃大餐，嬌嬌也很興奮，等到最後生日蛋糕上來的時候，大家都開心得鼓起掌，嬌嬌衝著滿桌子人喊：「都別吵

第七章　家庭是根：打造孩子的安全感與歸屬感

了，你們不知道現在要唱生日歌了嗎？」雖然大家都覺得嬌嬌有點不禮貌，但也沒太在意。接下來嬌嬌又說：「生日歌要唱英文的啊，我起頭，預備，HAPPY……」大家也都跟著唱起來。等到分蛋糕的時候，嬌嬌拿起刀說：「我來分！」媽媽提醒嬌嬌：「今天是爺爺生日哦！」嬌嬌偏不理：「我就要分，反正爺爺也會同意的。」就這樣嬌嬌分給自己一塊最大的蛋糕。飯後大家圍在一起聊天，嬌嬌感覺沒人注意她，便開始插嘴打斷話題，還要為大家表演唱歌，也不等大人回答就開始唱起來，鬧得大家沒辦法好好聊天，嬌嬌卻覺得受到了所有人的關注，心裡美滋滋的。

　　現在很多父母受到「快樂教育」的影響，面對孩子的態度，兩個字形容就是「自由」。不會限制孩子，只希望孩子快樂，孩子可以自由生長不受約束，他們長大以後自然會有自己的規則和選擇。美其名曰是保護孩子的自尊心和天性。

　　可是真的會這樣嗎？還記得我們前面提過孩子追求歸屬感和價值感的錯誤方式嗎？無規則、無限制只會讓孩子覺得只有所有人都圍著我團團轉，我才有價值，試想一下這樣的孩子長大後會怎麼樣？對，離開了家庭，沒有人會圍著他轉，世界也不是以他為中心，那時候他的自尊心和自信心會承受巨大的打擊。這樣的父母看似將主動權交到孩子手中，任其野蠻生長，覺得有些事孩子自然而然就懂得了。其實這是家長不想承擔責任，不想主動解決育兒過程中的問題，選擇忽視和逃避。

　　人類是所有動物當中需要學習時間最長的，有些動物生下

來就會跑,會自己覓食,而人類的嬰兒到三個月才會翻身,1歲才會走路,2歲才能說話。人的成長是一個複雜而緩慢的過程,孩子的身體和大腦發育是逐步發展的,每個階段都有每個階段的限制性。而成人的思維和認知是遠超過孩子的,所以這個過程就需要父母來正確引導孩子,孩子不懂得危險,不懂得考慮其他人的感受,不懂得是非對錯,家庭讓孩子來主導,會變成什麼樣?

我們和孩子的關係顛倒了,我們被孩子指揮,以孩子的意志為轉移,被孩子告知什麼是應該做的,彷彿我們變成了孩子的「孩子」,反觀現在許多成年人面對自己的父母都上演過這樣的場景。

「幫媽媽看看這個簡訊,說是我的信用卡有問題。」「哎呀,不是告訴過妳嗎?這都是詐騙。」

「幫媽媽把這個文章轉發一下。」「上次不是教過妳了嗎?」

「吃完柿子千萬別喝牛奶啊,網路上都報導了,說有人因此腸阻塞搶救不及。」「妳怎麼什麼都信啊?有點科學常識好不好?」

父母變成了求助者,變得愚昧無知,我們需要時時幫助,處處提醒。好像我們小時候覺得父母無所不能,遇到困難求助父母一樣,時間流轉,場景似曾相識,只不過角色發生了轉換。

有人說老人老了就變成小孩子一樣,那是因為隨著年紀的增長,老年人的身體狀況卻在走下坡,雙腿越來越不靈活,

第七章　家庭是根：打造孩子的安全感與歸屬感

大腦的功能減弱，感覺遲鈍，思維緩慢，這時候的父母就會覺得自己是一個弱者，需要依賴別人，就像沒有獨立能力的孩子一樣。

而我們這時候正值壯年，身體機能和大腦思維都是處在健康和高速運轉的時候，於是我們的角色發生了變化，父母變成「孩子」，我們變成了父母的「父母」。

將父母當成孩子教育，或者將孩子完全看作大人，都是嚴重的關係倒錯，這樣會使父母也會越來越依賴孩子，不尋求獨立過自己的老年生活，孩子變成一個以自我為中心、價值觀錯誤、承受能力差的人。我們在父母面前無所不能，在孩子面前聽之任之，其實是我們在逃避責任，既逃避做兒女的責任又逃避做父母的責任。

所以，我們需要糾正錯誤的關係和做法，導正自己的位置和態度。

對於孩子我們有撫養、教育的責任，同樣對於父母我們也有使父母找到自己定位的責任。

怎麼做？原則都是一樣的：用尊重、耐心、鼓勵幫助他們找到價值感。

首先像對待朋友一樣的尊重，摒棄不平等的關係，不要指揮與被指揮的關係，在孩子面前明確自己的位置，既不能驕縱無度，也不能一刀切地完全由家長做主。

父母的定位：避免角色錯位的教育陷阱

家長對孩子的嬌慣，處處特殊照顧，會導致孩子以為自己高人一等，好的東西都應該是「我」的，所有人的注意力也都要在「我」身上，一旦發覺大人的注意力轉移，就用各種方式來吸引大人的注意力，或是打斷大人談話，或是表演，甚至是摔東西搞破壞，一旦父母的注意力回到孩子這裡，孩子就覺得目的達到了，找回自己的價值感了。

可是孩子尋求的這種價值感是一種錯誤的價值感，父母引導孩子正確的做法是，尊重孩子，給予孩子自由，同時一定要盡到父母應盡的責任和義務，共同制定規則和底線。「沒有規矩不成方圓」，但是注意這「規矩」不要演化為家長的說教和懲罰，還記得建立價值感的前提嗎？對，就是尊重。

自由沒有錯，但是以此為藉口逃避父母的責任就是萬萬不可，自由和規則不是對立的，而是互為補充的、缺一不可的。

其次面對自己的父母，也要多一些尊重和理解。我們需要明白老年人的身體和思維緩慢並不是他們自己的意願，而是生命發展的自然法則，所以對於父母我們要尊重他們的現實狀況。同時社會在高速發展，新事物層出不窮，比如年輕人習以為常的電子支付，對很多老年人來說是一道不敢嘗試的難題。他們既嚮往又害怕。

對待父母日常的疑問和求助多一些耐心和鼓勵吧，就像我們當初的好奇一樣，及時滿足父母的知識性好奇，會讓他們的大腦分泌快樂的激素，為他們帶來正向的情緒。

第七章　家庭是根：打造孩子的安全感與歸屬感

　　康德（Immanuel Kant）說：所謂自由，不是隨心所欲而是自我主宰。教育是一個宏大課題，孩子的成長是一個不能複製和重來的過程。漫漫人生路，願父母不急不躁，陪伴孩子走好每一步。

後記

　　在這本書的編寫過程中，回想到自己撫育孩子的點點滴滴，感觸良多。

　　當初決定要寶寶的時候也做了充足的心理準備，還買了很多的育兒書籍參考，但是多數時候還是靠父母的「本能」在撫育孩子。嬰幼兒時期度過得還算順利，但是隨著孩子慢慢長大，開始出現一些我不能理解或者當時覺得「不能掌控」的問題時，我才真正意識到撫養孩子的難度。我剛開始很焦慮，但隨後我就發現焦慮只會讓事情變得更糟，於是開始反思我的教育理念和教育方法。

　　當孩子用種種言行來提醒我「我是一個獨立的人」時，當孩子因為缺失安全感而產生分離焦慮時，當她用摔東西來表達自己的不滿時，我開始意識到這些問題不是小孩子的無理取鬧，背後一定有產生的原因，我意識到孩子心理健康和身體健康一樣，都是非常重要的，甚至意識到心理健康更重於身體健康時，我就開始了學習。

　　幸好，這世界上有很多專業的育兒專家、兒童心理專家，有很多很多優秀的養育孩子的專家，當我們去閱讀他們的著作時，就會發現我們遇到的問題早就被他們寫進書裡了。

後記

幸好，我們意識到了。

幸好，我們可以學習，而且任何時候開始都不晚。

這本書讓我體會到最重要的一點就是：家長要放下自己的偏見和焦慮，真正去了解和理解孩子為什麼會這樣及什麼樣的養育方法是對他們最好的，答案就在書的名字裡：孩子要「慢養」。良好親子關係的建立不是一蹴而就的，不能急於一時，讓我們學會慢下來，抱著終身學習的信念，和孩子一同成長吧！

最後，想送給大家一首詩，詩的作者是黎巴嫩著名詩人紀伯倫，寫得非常好，願我們每個父母共勉：

你的孩子其實不是你的孩子

你的孩子，其實不是你的孩子，

他們是生命對於自身渴望而誕生的孩子。

他們藉助你來到這世界，

卻非因你而來，

他們在你身旁，

卻並不屬於你。

你可以給予他們的是你的愛，

卻不是你的想法，

因為他們有自己的思想。

你可以庇護的是他們的身體，

卻不是他們的靈魂，

因為他們的靈魂屬於明天，

屬於你做夢也無法到達的明天。

你可以拚盡全力，

變得像他們一樣，

卻不要讓他們變得和你一樣，

因為生命不會後退，

也不在過去停留。

你是弓，

兒女是從你那裡射出的箭。

弓箭手望著未來之路上的箭靶，

他用盡力氣將你拉開，

使他的箭射得又快又遠。

懷著快樂的心情，

在弓箭手的手中彎曲吧，

因為他愛一路飛翔的箭，

也愛無比穩定的弓。

國家圖書館出版品預行編目資料

育兒「慢養」法則，自在的成長節奏：情緒管理 × 表達訓練 × 人格塑造 × 遊戲學習……告別焦慮競爭，掌握最尊重孩子天性的適性教育！/ 張新春 著 . -- 第一版 . -- 臺北市：樂律文化事業有限公司, 2025.02
面； 公分
POD 版
ISBN 978-626-7644-45-4(平裝)
1.CST: 育兒 2.CST: 親子關係 3.CST: 子女教育
428.5　　114000469

育兒「慢養」法則，自在的成長節奏：情緒管理 × 表達訓練 × 人格塑造 × 遊戲學習……告別焦慮競爭，掌握最尊重孩子天性的適性教育！

作　　　者：張新春
責 任 編 輯：高惠娟
發 行 人：黃振庭
出 版 者：樂律文化事業有限公司
發 行 者：崧博出版事業有限公司
E - m a i l：sonbookservice@gmail.com
粉 絲 頁：https://www.facebook.com/sonbookss/
網　　　址：https://sonbook.net/
地　　　址：台北市中正區重慶南路一段 61 號 8 樓
8F., No.61, Sec. 1, Chongqing S. Rd., Zhongzheng Dist., Taipei City 100, Taiwan
電　　　話：(02) 2370-3310　　傳　　真：(02) 2388-1990
律師顧問：廣華律師事務所 張珮琦律師
定　　　價：375 元
發行日期：2025 年 02 月第一版
◎本書以 POD 印製
Design Assets from Freepik.com